钛合金 Ti-6Al-4V 动态再结晶行为与高速铣削过程模型

刘丽娟 著

北 京

冶金工业出版社

2015

内 容 提 要

切削过程建模技术是目前国内外研究的热点，本书将动态再结晶这个在材料大变形中经常出现的微观组织变化引入切削过程建模技术中，讲述了考虑再结晶现象的修正本构在高速铣削钛合金 Ti-6Al-4V 过程模型中的应用，验证了动态再结晶现象在大变形过程中发生的必然性以及新切削过程模型的正确性。全书共分 5 章，分别介绍了钛合金 Ti-6Al-4V 的特性与再结晶行为、金属切削过程建模技术、低应变速率下的动态再结晶——热压缩试验与动力学研究、钛合金 Ti-6Al-4V 考虑再结晶软化的材料本构模型的研究及高速铣削钛合金 Ti-6Al-4V 有限元模型与仿真等内容。

本书可供机械和材料专业研究生及从事相关专业的技术人员阅读，也可作为本科生的教学辅导用书。

图书在版编目（CIP）数据

钛合金 Ti-6Al-4V 动态再结晶行为与高速铣削过程模型/刘丽娟著 . —北京：冶金工业出版社，2015.5
ISBN 978-7-5024-6915-3

Ⅰ.①钛…　Ⅱ.①刘…　Ⅲ.①钛合金—动态再结晶　②钛合金—铣削—过程模型　Ⅳ.①TG146.2

中国版本图书馆 CIP 数据核字（2015）第 100402 号

出 版 人　谭学余
地　　　址　北京市东城区嵩祝院北巷 39 号　邮编　100009　电话　（010）64027926
网　　　址　www.cnmip.com.cn　电子信箱　yjcbs@cnmip.com.cn
责任编辑　张熙莹　美术编辑　吕欣童　版式设计　孙跃红
责任校对　王永欣　责任印制　李玉山
ISBN 978-7-5024-6915-3

冶金工业出版社出版发行；各地新华书店经销；三河市双峰印刷装订有限公司印刷
2015 年 5 月第 1 版，2015 年 5 月第 1 次印刷
169mm×239mm；13 印张；250 千字；196 页
48.00 元

冶金工业出版社　投稿电话　（010）64027932　投稿信箱　tougao@cnmip.com.cn
冶金工业出版社营销中心　电话　（010）64044283　传真　（010）64027893
冶金书店　地址　北京市东四西大街 46 号（100010）　电话　（010）65289081（兼传真）
冶金工业出版社天猫旗舰店　yjgycbs.tmall.com

（本书如有印装质量问题，本社营销中心负责退换）

序

　　读着书稿，也是整理自己记忆的探索体验。因为刘丽娟老师写的，都是我教学科研中不可或缺的一部分。我与刘丽娟老师相识整十载，从她2005年硕士研究生毕业来校共事，后在一个团队开展科学研究，她性行淑均，晓畅专工，一直在思考、研究、探索、实践，锲而不舍地钻研许多方面的学术问题，奋力克服工作、生活中的种种困难、干扰，敢于开拓，勇于创新，难能可贵。她的这部著作，是她在高速切削研究团队从事科学研究及在太原理工大学攻读博士学位期间多年心血的珍贵结晶。

　　切削加工技术目前仍是机械制造业的主导加工方法，金属切削理论就是这么一个与之相应的基础理论。对此，前人已作出了大量的卓越贡献，但仍有大量尚不清楚乃至尚未发现的现象与规律要去探索。刘丽娟老师重点在钛合金 Ti-6Al-4V 动态再结晶软化效应、修正本构及其在高速铣削模型中的应用方面进行了开拓性的工作，取得了一些创新性的研究成果，探索了不同应变速率下材料发生动态再结晶行为的规律及这种微观组织变化对高速切削机理的影响情况，建立了考虑再结晶软化效应的 J-C 修正本构模型；结合子程序与有限元仿真技术，将高速铣削 Ti-6Al-4V 有限元模型导入有限元软件 AdvantEdge 中，其仿真结果比传统 J-C 模型更接近于高速铣削试验数据。如果没有活跃而完善的思维能力、没有持久而深入的研究工作，就难于做出这一出色的理论与实际紧密结合的学术成绩。该书的出版将十分有助于切削加工技术基础及其应用的研究，有助于我国金属切削科技的发展。相信此书对于业内同行、朋友能起到一定的指导作用。

　　谨为之序。

中北大学教授　武文革

2015年4月

前　言

切削加工是制造高精度、高表面质量产品的最经济、最常用的一种加工方法，在现代制造领域中占有最大份额。近年来，随着机床、刀具以及新材料的蓬勃发展，中国制造正在走向中国创造。金属切削过程模型可以对制造过程中的工艺规划和切削性能等进行预测，从而提高生产效率与产品质量，降低生产成本，是发展制造技术的重要研究途径。钛合金 Ti – 6Al – 4V 借助其卓越的材料性能，成为航空、航天领域应用最为广泛的材料之一。同时，它也是一种难加工材料，高速切削技术是解决该材料大量需求与加工困难这一矛盾的重要方法。

本书在详细介绍金属切削过程建模技术的常用方法的基础上，将动态再结晶这个在材料大变形中经常出现的微观组织变化引入到钛合金 Ti – 6Al – 4V 高速铣削模型中，采用理论分析、试验研究与数值模型仿真相结合的方法，建立了考虑再结晶软化效应的高速铣削数值模型，验证了动态再结晶行为在大变形过程中发生的必然性以及新切削过程模型的正确性。

本书将实践应用与理论研究结合起来，采用从简入难的方法，循序渐进地讲述了切削过程建模技术中的一些常用方法以及动态再结晶软化效应在高速铣削过程建模中的应用研究，将创新点与应用方法完美地结合在一起，尤其是对有限元软件与子程序的应用方法介绍得很详细，读者可以举一反三，学会应用这种方法开发自己的程序，建立自己的切削过程模型。专业方面，本书探讨了动态再结晶修正本构在高速铣削模型中的应用，为进行本构模型建立与切削过程模型建立研究的技术人员或研究生提供了一个思路与继续探索的方向。

本书内容是作者多年来在武文革教授高速切削研究团队支持下的成果总结，也是在太原理工大学师从吕明教授攻读博士学位的主要研究成果。本书的顺利完成也得益于以下项目的支持：国家自然科学基金项目（No. 50975191），山西省回国留学人员科研资助项目（No.

2013 - 086)，山西省自然科学基金项目（No. 2008011056），山西省重点实验室开放基金项目（No. 2007031007），山西省高等学校青年学术带头人项目以及多项横向课题。

　　感谢对本书研究内容作出指导与帮助的吕明校长，感谢对本书编写和校稿作出贡献的武文革教授，感谢中北大学高速切削研究室的师兄弟姐妹们。在他们的大力协助和支持下，本书才得以顺利完成，在此，向他们献上最诚挚的谢意！

　　由于作者水平所限，书中不足之处敬请各位同仁与专家批评指正。

作　者

2015 年 4 月

目 录

① 绪 论

1.1 钛合金 Ti－6Al－4V 及其动态再结晶行为研究

1.1.1 钛合金 Ti－6Al－4V 特性

1.1.1.1 钛合金 Ti－6Al－4V 简介

钛合金具有高的比强度、比刚度以及耐热性，能够适应的温度区间较宽，抗腐蚀能力出众，而且在低温状态下能够保持优良的性能，在地壳中含量丰富。因此，这一材料在军工、航空、医学等行业中受到了普遍的关注和使用[1~3]。应用钛合金制造军用飞机构件的比例正在不断增加，其使用量和运用水平已然变成了评定飞机领先程度的一个核心标准。

首种具有实际应用能力的 Ti－6Al－4V 是在 20 世纪中期由美国研发出来的。它的使用量约为全部钛合金的 75% ~85%，是最常用的一种钛合金。其他的很多钛合金都是它的改型，如 Ti－5Al－2.5Sn、Ti－2Al－2.5Zr、Ti－32Mo、Ti－Mo－Ni、Ti－Pd、SP－700、Ti－6242、Ti－10－5－3 等[4]。

Ti－6Al－4V 是一种难加工材料。在实际生产中，钛合金加工后表面完整性不尽理想、加工效率低，而且刀具寿命短。造成这些现象的原因在于：低弹性模量及切削过程中产生的有周期性结构的锯齿状切屑造成加工刀具和钛合金工件基体发生振动并由此诱发变形，进而增大了加工刀具的后刀面－工件基体已加工表面的摩擦力，最终引发加工刀具的偏离；而且钛合金的导热能力相对较差，刀－屑接触区的高温与高压加速了加工刀具的损耗，缩短了刀具使用寿命；Ti 元素比较活泼，造成加工刀具和待加工表面之间容易出现化学成分的亲和，引发黏结等情况，最终导致咬焊的发生；在整个过程当中的塑性形变会引起工件的表层硬化，从而也在一定程度上加剧了刀具的损耗。

此类缺点极大地限制了钛合金在各个领域当中的运用，这在军工方面体现得尤为明显。因此，世界各国都非常重视钛合金的加工研究。我国钛合金加工的质量和效率与世界先进水平相比仍然较差。这样的现状与不断增长的应用需求形成很大的反差。钛合金的高速加工技术已成为军工领域特别是航空装备制造领域最为关注的研究方向之一。

1.1.1.2 钛合金 Ti – 6Al – 4V 微观组织研究

固态纯钛有两种同素异晶体，相变点为 882.5℃。当温度低于相变点时为具有密排六方结构的 α 晶型。20℃时点阵常数为：$a = 0.29511nm$，$c = 0.468433nm$，$c/a = 1.5873$。当温度升高至超过相变点时，发生 α→β 相变。β 晶型具有体心立方结构且能稳定存在。25℃时 $a = 0.3282nm$，900℃时 $a = 0.33065nm$。而当温度缓慢降低并低于相变点时，纯钛又会从 β 相转变为 α 相，且新相和母相均存在。

温度超过相变点后，β 相增长速率快，增大趋势特别强，故常常形成粗大的 β 晶粒；而在缓慢冷却过程中，α 相按照严格的取向关系以片状或针状析出，此时形成魏氏组织。只有对粗晶魏氏组织进行适当的机械加工和热处理才能消除再结晶晶粒。

钛合金中的相变主要有以下三类：在连续加热和冷却过程中发生的同素异晶转变、在淬火过程中发生马氏体相变以及 ω 相变。T. Ahmed 等人[5]研究了冷却速度对钛合金 Ti – 6Al – 4V 相变的影响。当冷却速度大于 410℃/s 时，仅仅发生马氏体转变；当冷却速度在 20～410℃/s 这个区间时，发生的是块状转变；当冷却速度低于 20℃/s 时，扩散型转变为主要的相变方式。

Ti – 6Al – 4V 是两相合金，以 α 相为主（大于 70%），还有少量的 β 相。β 稳定系数 $K_\beta = 0.23$。Ti – 6Al – 4V 相变一般可以产生四种微观组织：魏氏组织、等轴组织、网篮组织和双态组织。

当合金变形量不大于 50% 时或在 β 相区内进行加工，得到的是魏氏组织。在魏氏组织中 β 晶界完整清晰，β 晶粒较粗大，而 α 相呈片状规则排列。因为变形前的等轴 β 晶粒沿金属流动方向被拉长变扁，所以在 β 晶粒中经常发现弯曲的变形带。合金被冷却时，α 相首先在晶界处析出，且带有片状性质。晶内 α 相的数量、位置、长大速率等参数与钛合金的成分、冷却条件等因素有关。按 α 相的形态和分布，魏氏组织可分为平直并列结构、网式结构和混合组织等类型。平直并列式魏氏结构生成时，缓冷过程首先导致在 β 晶界开始形核并长大，形成晶界 α，之后从晶界向晶内呈集束状扩展，β 相在片状 α 之间。加热温度越高，冷却速度越慢，α 层片越厚，且 α 集束尺寸也越大，形成位向比较单一的集束。网式魏氏结构通常见于冷却速度较快的条件下。此时 α 相在晶界上生核的同时在 β 晶粒内部独立成核，造成 α 群体增多、组织进一步细化的结果。这种由多种取向的片状 α 相构成的组织称为网式魏氏结构。因为原断裂往往沿 α、β 相界面发展，而晶界 α 的存在、α 束域取向不同，使裂纹进一步扩散受阻，所以魏氏组织断裂韧性高。另外，在较快冷却速度条件下，魏氏组织表现出较高的蠕变抗力和持久强度，且由于变形抗力小，容易加工变形。魏氏组织突出缺点是塑性和断面收缩率低于其他类型的组织。

等轴组织产生的条件是必须在低于双态组织形成温度（约低于相变点 30～50℃）的两相区变形。此时在高温下存在的初生 α 相和 β 相参与变形，所以再结晶过程急剧加速。在温度较低或 β 稳定元素含量较高的情况下，材料的组织结构较稳定，冷却过程中在 β 相内部不会析出次生 α 相，再结晶不发生或部分发生；在加热到（α＋β）相区上部温度以后开始冷却，且冷却速度较低的情况下，次生 α 相沿着初生 α 边界析出，而并不在 β 晶内形核析出，此时也得到等轴组织。等轴组织的特征是初生 α 相的含量超过50%，并存有少量的 β 转变组织。

网篮组织是 Ti－6Al－4V 在（α＋β）/β 相变点附近发生变形，或自 β 相区开始而在（α＋β）区结束变形的条件下生成的。组织形状取决于（α＋β）的温度范围和（α＋β）的变形程度。在变形程度为50%～80%的条件下，原始 β 晶粒及晶界 α 破碎，冷却后 α 丛的尺寸较小、α 条变短，同时又各丛交错排列。网篮组织的断裂韧性较魏氏组织低。

双态组织产生的条件：一是首先在（α＋β）相区变形，再加热至（α＋β）相区上部温度，然后进行空冷；二是在两相区上部温度进行变形。双态组织中有两种形态的 α 相：等轴状初生 α（含量不超过50%）、片状 α（由 β 组织转变而来）。因为从（α＋β）相区上部开始冷却时 α 相就已存在，所以在冷却过程中，原来的 α 相的界面上和 β 晶界上都出现析出的 α 相形核。值得注意的是，前一种情况产生的 α 相的厚度和冷却速率相关，且它的位向与原位向不同。

钛合金流动应力与变形温度负相关，即变形温度高则流动应力的值低。造成这一现象的原因在于：变形温度升高，材料热激活作用加强，导致原子的平均动能增大、临界分切应力减小，最终表现为位错运动和晶面间滑移的阻碍减小；变形温度升高，α 相滑移系（具有密排六方结构，如 $\{10\overline{1}1\}\{11\overline{2}0\}$ 和 $\{10\overline{1}0\}\{11\overline{2}0\}$）数量增加；随着温度升高，扩散蠕变作用加强，在促进塑性变形的同时起到协调变形的作用，最终使金属塑性得到了增强；温度升高造成相变程度增大，而具有体心立方结构的 β 相塑性较好，其含量的增加促使变形抗力下降。

Ti－6Al－4V 的显微组织力学性能见表 1－1。

表 1－1 Ti－6Al－4V 的显微组织力学性能

力学性能	魏氏组织	网篮组织	双态组织	等轴组织
抗拉强度 σ_b/MPa	1040	1030	1000	980
屈服强度 $\sigma_{0.2}$/MPa	977	931	834	900
冲击韧性 A_k/J	0.292	0.432	0.352	0.384
拉伸塑性 α/%	9.5	13.5	13.0	16.5
断裂韧性 K_{IC}/MPa·m$^{1/2}$	3290(高)	较好	较好	1900(低)

力 学 性 能	魏氏组织	网篮组织	双态组织	等轴组织
疲劳强度 σ_1 /MPa	427	496	507	533
抗蠕变能力	高	较好	较好	低
断裂持续时间/h	—	>400	187	92

1.1.2 再结晶行为研究

1980 年 Margolin 和 Cohen[6] 提出 Ti – 6Al – 4V 高温下的再结晶模型，如图 1 –1所示。初始阶段不发生再结晶现象，α_U 表示未再结晶 α 相晶粒，如图 1 –1(a)所示；温度升高后，再结晶晶粒 α_R 在片状 α 相内形成，此时初生 α 相与次生 α 相共存，如图 1 –1(b) 所示；在表面张力的作用下，α/β 界面迁移并旋转，再结晶晶粒 α_R 长大。当大于初生 α 相层厚度时，α_R 逐渐与相邻片层中的初生 α 晶粒相互接触，如图 1 –1(c) 所示；在其他区域同样也经历再结晶过程，直到新的 α 晶粒相互接触，最终出现等轴状再结晶形貌，如图 1 –1(d) 所示。

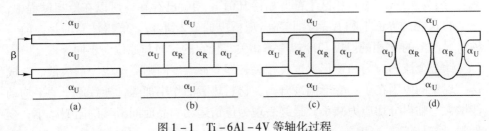

图 1 - 1 Ti –6Al –4V 等轴化过程

机械辅助亚晶粗化再结晶机制由 Flaquer 等人[7] 提出。该理论常应用于低温、大塑性变形条件下，认为低温时滑移系活化引起变形。要使亚晶中能量最低，材料切应力达到临界切应力时，位向差不大的相邻亚晶会转动合并，亚晶发生粗化，进而完成再结晶。该理论的缺陷是无法应用于大应变速率条件下。

很多研究都表明，工件材料的微观组织在转变带内部发生了变化；动态再结晶现象在绝热剪切带上经常可以被发现，并可能伴随着相变的发生。取向差很大、耐腐蚀的细小等轴晶粒在绝热剪切带中心区域内大量存在，在光学显微镜下呈亮白带。与冷淬相似，绝热剪切带内的材料组织经历了热力耦合作用下的瞬间的高温与急速冷却过程。

Andrade 等人[8] 以研究大应变、高应变速率条件下的 Cu 材料的绝热剪切带微观结构为手段，提出亚晶粗化混合机制。图 1 –2 为该机制示意图。

图 1 –2(a) 所示为材料初始晶粒，受到冲击载荷的作用后，原始晶粒组织内部出现薄孪晶亚结构，且这些亚结构在绝热剪切过程中发生了变形并被拉长，

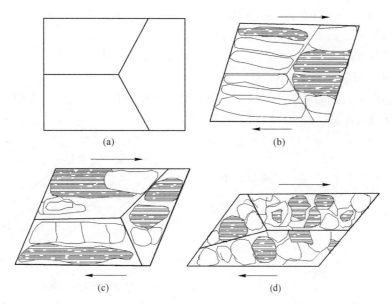

图 1-2 晶粒机械破碎、晶界迁移及亚晶粗化混合机制

如图 1-2(b) 所示；薄孪晶亚结构在剪切方向发生了重排，长条形的亚结构在位错缠结作用下碎化，如图 1-2(c) 所示；在亚结构发生重排和碎化现象的同时，随着绝热剪切带中心温度的上升，晶粒内部原子进行短程的扩散，最终形成界面完整且取向差较大的等轴晶粒组织，如图 1-2(d) 所示。

亚晶粗化混合机制的缺陷在于模型对等轴晶粒组织的产生仅进行了概述，缺乏定量分析，更没有考虑应变速率因素对材料微观组织变化的影响。

Nesterenko 等人[9]以研究 Ta 材料在高应变速率下的绝热剪切带微观结构为手段，提出亚晶旋转动态再结晶 RDR（rotational dynamic recrystallization）理论。图 1-3 为该理论示意图。

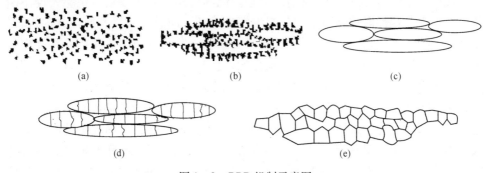

图 1-3 RDR 机制示意图

图 1-3(a) 所示为材料变形之前的形态；晶体内在变形初期产生随机分布

的位错，如图 1-3(b) 所示；随位错密度的增大，拉长的位错胞逐渐生成并形成拉长的亚晶，如图 1-3(c) 所示；变形程度进一步加大，被拉长的亚晶开始出现破碎并伴随有旋转，如图 1-3(d) 所示；最终形成等轴状特征的再结晶组织，如图 1-3(e) 所示。

大连理工大学的王敏杰[10]建立了 CrNi3MoV 钢材料正交切削时绝热剪切带微结构演化过程模型，图 1-4 为该机制示意图。

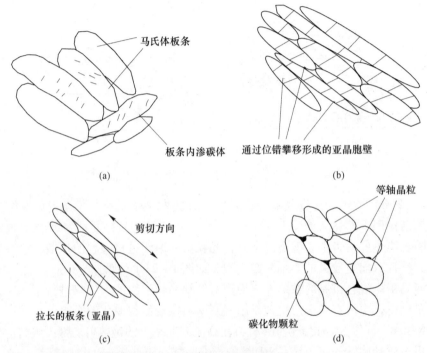

图 1-4 绝热剪切带微结构演化过程

图 1-4(a) 为材料变形初期的形态。绝热剪切现象出现后，位错密度不断增大，严重的塑性滑移在驱动胞状组织发生重新取向的同时沿着剪切方向拉长，如图 1-4(b) 所示。变形加剧，位错开始攀移，并形成位错胞组织。在高应变率条件下，胞状组织的形成趋势是很强的，且与温度无关。位错在局部化加剧、局部温度急增的情况下出现浓缩与缠结，形成了两种位错密度区：高位错密度区和低位错密度区。随着变形继续，亚晶界最终形成。因此拉长的晶粒被亚晶胞壁进一步分割和细化，如图 1-4(c) 所示。变形更加剧烈，亚晶为了适应更大的变形而严重细化，最终导致亚结晶现象发生。在绝热温升超过了相变点的条件下，还可能在发生相变现象的同时出现等轴化再结晶现象[11]，如图 1-4(d) 所示。

在材料的整个变形过程中，其晶粒内部位错增殖并逐渐形成亚晶。动态再结晶现象在储能达到动态再结晶临界条件时便会发生。继续变形使无畸变晶粒在未长大时就发生位错密度增大的情况，当增大到动态再结晶临界值时，这些无畸变晶粒中同样会发生动态再结晶。如此不断循环往复，最终导致动态再结晶晶粒尺寸是非常小的。

由大角度晶界迁移模型[12]结合式（1‒1），可计算由晶界迁移机制形成再结晶晶粒所需的时间 t。

$$t(T) = \frac{SLkT}{6b^2\mu\theta\delta D_0\exp(-Q/RT)} \tag{1-1}$$

式中，T 为再结晶晶粒形成时的温度；S 为再结晶晶粒直径；L 为亚晶直径；k 为玻耳兹曼常数；b 为柏格斯矢量；Q 为激活能；R 为气体常数；μ 为弹性剪切模量；θ 为亚晶的取向差角；δ 为晶界厚度；D_0 为与晶界扩散相关的常数。

根据亚晶合并模型[13,14]，由式（1‒2）可估算某一温度下亚晶合并所需时间 t：

$$t(T) = \frac{L^4kT}{6E_0D^pb^4}\int_\delta^0 \frac{1}{\theta\ln\left(\dfrac{\theta}{\theta_m}\right)}\mathrm{d}\theta \tag{1-2}$$

式中，L 为亚晶平均直径；k 为玻耳兹曼常数；T 为再结晶晶粒形成时的温度；b 为柏格斯矢量；E_0 为位错能，$E_0 = \mu b/[4\pi(1-\nu)]$；$\nu$ 为材料泊松比；θ 为亚晶的取向差角；θ_m 为晶界能最大时对应的角度，通常取值 $20° \sim 25°$；D^p 为管道扩散系数，且有 $D^p = D_0\exp[-Q^p/(RT)]$，Q^p 通常取值 $(0.4 \sim 0.6)Q$。

材料的动态再结晶程度取决于材料的变形量、应变速率以及变形时的温度。它常用动态再结晶体积分数 X_{dRx} 来衡量。该参数的含义是材料发生动态再结晶的体积与总体积的比值。该参数值通常采用观察热变形后材料的金相组织的方法获得。这种方法的缺点在于：由于需要收集并保存所有变形条件下材料的金相，不仅费时费力，而且材料在高温变形时的金相变化过程非常快，瞬间的金相组织难以获得，故不能完全反映真实情况。目前，通常利用应力‒应变数据，结合式（1‒3）采用外推法确定该参数的值。

$$X_{dRx} = \frac{(\sigma_{hx})^2 - (\sigma_{dx})^2}{(\sigma_{hw})^2 - (\sigma_{dw})^2} \tag{1-3}$$

式中，σ_{hx} 为材料在虚拟动态回复时某一时刻应变 ε_x 对应的流动应力；σ_{dx} 为材料在动态再结晶某一时刻应变 ε_x 对应的流动应力；σ_{hw} 为材料虚拟动态回复稳态应变 ε_{hw} 对应的流动应力；σ_{dw} 为材料虚拟动态再结晶稳态应变 ε_{dw} 对应的流动应力。

JM 动力学方程[15]（由 Johnson 和 Mehl 提出）见式（1‒4）。

$$X_{dRx} = 1 - \exp\left(-\frac{\dot{f}NG^3t^4}{4}\right) \tag{1-4}$$

式中，X_{dRx} 为动态再结晶体积分数，% ；f 为形状因子；G 为线性长大速率；$\dot{N}$ 为形核速率，且此时认为形核速率 $\dot{N}$ 为常数；t 为材料发生动态再结晶的时间。

经典 Avrami 动态再结晶动力学方程见式（1 – 5）。

$$X_{dRx} = 1 - \exp(-Bt^n) \tag{1-5}$$

动态再结晶动力学模型一般采用 JMA 方程（Johnson – Mehl – Avrami 方程），见式（1 – 6）。

$$X_{dRx} = 1 - \exp\left[- k\left(\frac{\varepsilon - \varepsilon_c}{\varepsilon_{0.5}}\right)^{n_d} \right] \qquad (\varepsilon \geqslant \varepsilon_c) \tag{1-6}$$

其中

$$\varepsilon_{0.5} = A_1 \dot{\varepsilon}^{A_2} \exp[Q_1/(RT)] \tag{1-7}$$

式中，k，n_d 为材料常数；ε_c 为动态再结晶临界应变；$\varepsilon_{0.5}$ 为动态再结晶程度达到 50% 时的应变；$\dot{\varepsilon}$ 为应变速率；A_1，A_2，Q_1 均为与材料和变形参数有关的常数。

对式（1 – 6）进行整理，并两边同时取两次对数：

$$\ln[-\ln(1 - X_{dRx})] = \ln(k) + n_d\ln\left(\frac{\varepsilon - \varepsilon_c}{\varepsilon_{0.5}}\right) \tag{1-8}$$

若令 $\ln[-\ln(1-X_{dRx})] = Y$，$\ln[(\varepsilon - \varepsilon_c)/\varepsilon_{0.5}] = X$，则式（1 – 8）可改写成：$Y = \ln(k) + n_d X$。此时如能得到 ε_c 与 $\varepsilon_{0.5}$ 的值便可拟合此直线，最终求得 k 与 n_d 的值。通过工件材料动态再结晶动力学方程曲线可以估算 $\varepsilon_{0.5}$。由 ε_c 的定义，可以通过试验方法计算 ε_c。

1.2   钛合金高速切削加工

1.2.1   高速切削概述

高速切削加工[16]（high speed cutting）于 20 世纪 80 年代发展起来，被广泛应用在航空航天、模具、汽车等领域精密部件、易变形材料的加工等方面，适应信息化制造要求，被称为 21 世纪机械加工技术的一场新的革命的先进加工技术。采用此技术后加工精度高、材料去除率大，能提高加工效率；切削力小、切屑耗散热大，能显著降低切削热，减少工件的热变形；激振频率高，能有效避免、减少工艺系统的受迫振动[17]。

高速加工概念是德国切削物理学家 Carl J. Salomon 提出的。他使用螺旋铣刀铣削铝、铜和青铜等有色金属，发现切削速度大于材料的临界值（不同的材料临界值有所不同）后，切削力和切削温度随之降低的现象，并据此提出"Salomon 曲线"[18]。在加工过程中合理利用这一规律有利于在提高加工效率的前提下延长刀具的使用寿命。

企业在实际生产过程中应用高速切削技术的优势主要有以下几点：

（1）提升了加工效率，高效率使企业更具市场竞争力。应用高速切削技术使机床主轴转速和进给速度提高，相当于提高单位时间材料去除率，因此工件的加工时间与制造周期被缩短。

（2）提高了产品表面质量，简化了生产工艺。切削速度的提升降低了切削力，工件受力、变形程度均下降，同时切屑带走了大部分的切削热。这些因素有助于获得更好的工件表面质量。表面质量较好的工件甚至可省去磨削或抛光等步骤，直接进入后续加工工序，因此简化了生产工艺流程，降低了生产成本。

（3）延长刀具相对寿命。应用高速切削技术后，刀具的磨损增长速度低于切削效率的提升速度，即相同的刀具磨损程度在高速切削时能够完成更多的切削加工任务。虽然刀具的绝对寿命有所下降，但是刀具的相对寿命却得以提高[19]。

目前，国内外专家学者尚未对如何界定高速切削制定一致的标准。考虑到事实上高速切削是相对常规切削而言的，其切削速度与工件的加工方式和工件材料特性密切相关。常见材料的高速切削速度范围可以界定如下：钛合金 100 ~ 1000m/min，钢 500 ~ 2000m/min，铸件 800 ~ 3000m/min，铜合金 900 ~ 5000m/ min，铝合金 1000 ~ 7000m/min[20]。

相对于传统加工，高速切削是一种在"短期"内得到发展的高速高精度的加工方法。工件材料与加工参数对切削用量的选择有很大影响。为此，当前国内外研究的难点和热点是建立合理、精确、可靠的高速切削模型。在当前的技术条件支撑下，高速切削模型研究不但可行而且迫切。

进行此项研究的意义在于：如果在高速切削加工过程开始前就能精确预测使用新刀具、新材料以及各项切削参数对加工过程的影响程度，就能在极大提高产品的生产能力和加工质量的同时，降低生产成本。

高速切削模型的研究与建立是预测与监控高速切削加工过程的关键技术。只有合理、精确、可靠的模型才能够准确仿真实际加工过程并得到贴近实际的仿真结果，从而对实际生产起指导作用。

1.2.2　钛合金 Ti－6Al－4V 高速切削

1.2.2.1　钛合金 Ti－6Al－4V 高速切削研究和应用现状

当前我国在钛合金切削加工的生产实际中，工件的加工效率和产品质量仍处于较低的水平。例如在使用硬质合金刀具进行切削的情况下，推荐的切削速度范围仅为 30 ~ 50m/min[21,22]。使用高速钢刀具进行切削，当切削速度超过 30m/min，或者使用硬质合金刀具切削速度超过 60m/min，都会遇到加工过程变得困难的问题[23]。目前国内对钛合金 Ti－6Al－4V 进行铣削加工时速度一般不超过 60m/min，因此加工效率很低，而切削加工钛合金时切削速度超过100m/min 时，才被认为进入高速切削范围[24~26]。目前国外铣削加工钛合金 Ti－6Al－4V

水平较先进，其速度一般在 $100 \sim 200 \mathrm{m/min}$ 范围内，高速切削的应用程度是很高的。立铣钛合金 Ti – 6Al – 4V 时的推荐铣削用量见表 1 – 2。

表 1 – 2 立铣钛合金 Ti – 6Al – 4V 时的推荐铣削用量[27]

立铣刀直径 D/mm	转速 $n/\mathrm{r} \cdot \mathrm{min}^{-1}$	每齿进给量 f_z/mm
3	611 ~ 1222	0. 005 ~ 0. 013
6	306 ~ 611	0. 005 ~ 0. 03
10	203 ~ 407	0. 013 ~ 0. 05
12	153 ~ 306	0. 013 ~ 0. 08
16	122 ~ 244	0. 02 ~ 0. 10
20	102 ~ 203	0. 03 ~ 0. 10
22	87 ~ 175	0. 03 ~ 0. 10
25	76 ~ 153	0. 05 ~ 0. 15
32	61 ~ 122	0. 05 ~ 0. 15
36	55 ~ 111	0. 05 ~ 0. 15
40	49 ~ 96	>0. 08
45	44 ~ 88	>0. 08
50	38 ~ 76	>0. 08

使用有限元模拟方法可以对高速切削机理进行快速有效的研究。对切削加工过程中的各种因素进行综合考虑并建立能够精确反映相关物理因素的变化的加工系统模型，通过模型对切削过程进行仿真，以达到精确展示机床动态特性和切削参数对加工过程的影响、预测特定工艺参数组合条件下的工件加工质量数据，并在此基础上进行指导在线实时检测和控制、优化工艺规程的目的[28]。

有限元模拟方法能够大量节省人力物力，有仿真结果详尽、精确、形象、直观的优点。更重要的是，通过仿真能够得到在试验中难以得到的很多重要数据。这些数据为研究金属切削机理、寻找影响加工质量的因素及其变化规律等工作提供了重要的参考依据。有限元模拟方法有助于减少生产准备周期，有效提高了产品质量与企业竞争力[29]。

材料的本构关系指具有特定微观组织的材料的流动应力对热力学状态（由温度、应变、应变速率等热力学参数所构成）所做出的响应。可见，不同材料的本构模型是不同的，其至对于同一种材料而言，也会由于处理工艺的差异导致其本构关系模型存在差异。高速切削数值仿真的精度直接取决于材料本构模型反映切削变形力学行为的真实程度。只有可以准确反映材料在切削加工过程中处于高温、大应变和大应变速率条件下的流动应力本构模型，才能在仿真中得到准确的模拟结果。综上所述，切削过程数值仿真技术的关键在于准确地建立材料切削变形本构方程。

国内外有很多专家学者都对钛合金高速切削机理进行了深入研究，但多数研究着重于宏观的方面（如切削用量、切削力以及表面完整性等方面），微观方面的研究较少（如材料的动态再结晶和相变的影响），更加缺乏将微观方面的研究与材料的切削过程联系在一起的研究工作。另外，研究者在进行切削有限元仿真时常常采用 Johnson – Cook 本构模型，没有考虑再结晶软化效应对切削过程的影响。

针对上述情况，本书从分析钛合金 Ti – 6Al – 4V 在高温高压下的微观组织入手，采用理论分析、实验验证并辅以有限元仿真的研究方法，对材料在低应变速率与高应变速率条件下的动态再结晶现象及其作用以及这些规律在高速切削仿真中的应用等问题进行了探索性研究。

1.2.2.2　钛合金 Ti – 6Al – 4V 切屑组织研究

A　绝热剪切现象和绝热剪切带

绝热剪切现象是在冲击载荷作用下材料的一个重要力学行为[30]，它普遍存在于材料受到冲击载荷并发生大变形的加工过程中，例如对材料进行高速的冲击、爆破、侵彻、切削、冲孔、冲蚀以及高速成型等，该现象于 1944 年由 Zener – Hollomon 等人[31]在进行冲塞低碳钢靶板的试验中被首次观测到，他们认为这是材料的热塑性失稳造成的，并以此为根据建立了材料的绝热剪切临界准则。这个解释的缺陷在于没有考虑绝热剪切发展过程是包含若干阶段的，没有考虑到应变率因素，因而实际上还是属于准静态分析。王礼立等人[32]认为，材料在冲击载荷下的剪切是热黏塑性本构失稳，并重点研究了温度和应变率因素对绝热剪切现象的影响。

工件材料在冲击载荷作用下所发生的高速变形是一个应变率极高而变形时间极短的过程，由塑性功转化来的热量约有 90% 在变形过程中无法散失。所以这个变形过程接近绝热过程。变形终止后，相对于变形区域而言其周围的大量相对较"冷"的基体可以视为无限大的冷却源，变形区域内的冷却速率可以超过 10^5K/s。变形区域的一个重要特征是区域中存在快速升温 – 急剧冷却过程。这个工件材料在冲击载荷作用下形成的外观呈现狭长带状的、剪切变形高度局部化的区域，被称为绝热剪切带（adiabatic shear band，ASB）。ASB 的宽度一般在 10^2μm 量级，剪应变常在 10^1 ~ 10^2 量级，应变率可达 10^5 ~ 10^7s^{-1} 量级，温升可达 10^2 ~ 10^3K 量级，相邻 ASB 之间距离约为 10 ~ 200μm。

对 ASB 微细结构的相关研究表明，无论是工件材料及其原始金相组织还是实验条件存在多大的差异，大多数的 ASB 金相组织都具有相似的特征：基体变形量很小；基体与 ASB 之间微观结构存在过渡区域；ASB 的中心区域是细小的等轴晶粒，这通常被认为是发生了动态再结晶现象。动态再结晶可以认为是在加热的条件下，变形金属生成全新的微观组织结构的过程。通常情况下该过程涉及大角度晶界的迁移，导致变形结构被消除[33]。

ASB 内部有两种基本结构：形变带（主要特征是宏观方面高度集中的应变和微观方面材料晶粒被剧烈拉长与发生碎化现象）和转变带（主要特征是材料发生再结晶或相变）。形变带的宽度随着材料硬度的增加而减小[34]，同时它仅是基体的集中形变组织。转变带的宽度随着材料硬度的减小而稍有增加，其微观结构与基体区分非常明显。有些金属材料相变带会由于晶粒细化和合金元素的析出而在金相图片上呈现出亮白色。但不能据此判定 ASB 内是否一定发生了相变。

绝热剪切可以被认为是由高温、高应变、高应变率这三个材料对其有敏感性的因素耦合的现象。材料在高温条件下发生热软化效应，在高应变、高应变速率条件下会发生应变硬化和应变率硬化现象。在这两种效应的共同作用下，若热软化效应占主导地位，则材料的剪切变形将集中发生于非常狭窄的绝热剪切带内，即材料发生了热塑性失稳现象。

材料从受到冲击载荷开始到产生 ASB 为止的承载时间越短，则材料对绝热剪切越敏感。钛合金 Ti – 6Al – 4V 在应变率为 $3000s^{-1}$ 的条件下承载时间约为 $78\mu s$，应变率为 $4000s^{-1}$ 的条件下承载时间约为 $65\mu s$，应变率为 $5000s^{-1}$ 的条件下承载时间约为 $52\mu s$。根据以上数据可看出材料的绝热剪切敏感性随着应变率的增大而不断增强。

早期的关于剪切临界条件的研究认为剪切应力 τ 只是温度 T 和剪应变 γ 的函数，即有式（1–9）。

$$\tau = \tau(\gamma, T(\gamma)) \tag{1-9}$$

随着温度的升高，当材料的热软化速度达到或超过其应变硬化的速度，材料就会发生绝热剪切现象。发生绝热剪切的判据见式（1–10）。材料在表达式的值等于 1 的情况下就开始出现绝热剪切。温度不断升高，材料的热软化效应不断增强，使得表达式的值不断减小，材料必然处于绝热剪切状态。

$$0 \leq (\partial\tau/\partial\gamma)\Big/\left(-\frac{\partial\tau}{\partial T}\frac{dT}{d\gamma}\right) \leq 1 \tag{1-10}$$

Recht[35] 于 1964 年提出临界应变率准则，用来在应变相同的情况下通过一种材料的绝热剪切失稳临界条件估算其他材料的临界应变率，见式（1–11）。

$$\frac{\dot{\gamma}_{c1}}{\dot{\gamma}_{c2}} = \frac{(k\rho C)_1}{(k\rho C)_2}\left[\frac{(\partial\tau/\partial\gamma)_1(\partial\tau/\partial T)_2}{(\partial\tau/\partial T)_1(\partial\tau/\partial\gamma)_2}\right]^2\left(\frac{\tau_2}{\tau_1}\right)^2 \tag{1-11}$$

Culver[36] 于 1973 年提出临界应变准则，用于中碳钢、铝、钛等材料的临界应变值的计算，见式（1–12）。

$$\varepsilon_c = \frac{n_T\rho CJ}{0.9\frac{-\partial\sigma}{\partial T}}\frac{\sigma_T}{\sigma_d} \tag{1-12}$$

多年来，国内外学者从很多方面对绝热剪切进行了不断的研究[37~39]。为阐明 ASB 产生的临界条件及规律，力学工作者提出剪切变形局部化本构失稳模型；为得到冶金因素对变形局部化的影响规律，材料学工作者对 ASB 内的微观结构特征及其演化规律进行了研究。当前，研究者普遍以计算机为工具，利用计算机数值模拟技术对绝热剪切现象进行研究，如采用有限元方法模拟 ASB 内部金相组织的变化过程或用于计算 ASB 内部的温度场、应力场分布等。这种研究方法取得了很多成果，如 Meyers 等人[40]建立了 ASB 间距预测模型，Grady 等人[41]建立了 ASB 的韧度概念，谭成文等人[42]提出绝热剪切扩展能的衍生量概念并改进了强迫剪切测试技术等。

B 锯齿形切屑

a 产生条件及原因

大多数金属材料在较高的切削速度下，或者难加工材料在不是很高的切削速度下进行加工时，都会产生锯齿形切屑。

由于在高速切削过程中刀具对工件材料的高冲击导致材料发生绝热剪切现象，而锯齿形切屑伴随着绝热剪切现象出现，因此可以用工件材料的绝热剪切来解释锯齿形切屑的产生。两种主导理论可用于解释锯齿形切屑的形成过程：在第一变形区内热软化与硬化现象之间的竞争导致的工件材料的热塑性不稳定性；在第一变形区内工件材料中裂纹周期性的产生及扩散。

首先运用绝热剪切理论来解释锯齿形切屑形成过程的是 Komanduri 和 Recht 等人[43,44]。他们认为在绝热剪切现象作用下，工件材料沿剪切面发生的突变性剪切断裂是锯齿形切屑形成的原因，并建立了锯齿形切屑形成的两阶段模型。

首先运用周期性断裂理论来解释锯齿形切屑的形成过程的是 Shaw 和 Vyas 等人[45]。他们认为沿切屑的自由表面向切削刃扩展的周期性的整体断裂是工件材料形成锯齿形切屑的原因。Nakayama 根据该理论提出了锯齿形切屑形成的三阶段模型[46]。

上述两种理论用于解释锯齿形切屑的形成并不矛盾。Bai 和 Dodd 等人[47]认为 ASB 的产生是断裂的前兆。Turley 和 Doyle 等人[48]根据这两种理论建立了锯齿形切屑形成的四阶段的 Turley 模型，认为锯齿形切屑的主要形成原因是位于刀尖前端的工件材料的微小断裂诱发了绝热剪切沿剪切面的形成。

Bayoumi 和 Xie 等人[49]建立了以切屑负载为准则的锯齿形切屑模型。这里切屑负载被定义为切削速度 v_c 和进给量 f 的乘积 $v_c \times f$。他们认为钛合金 Ti-6Al-4V 合理的切屑负载应为 $0.004\text{m}^2/\text{min}$。S. Sun 等人[50]利用该模型研究了钛合金 Ti-6Al-4V 的切屑与切削力，发现在 $f \leqslant 0.149\text{mm}$、$v_c \geqslant 60\text{m/min}$ 的状态下出现最严重的刀具振动和最大切削力。

b 切屑形态

锯齿形切屑单元上存在两个差别较大的区域：变形量很小且通常呈梯形的基体屑块和变形量很大呈现高度局部化变形的剪切带。锯齿形切屑单元之间的分界线是剪切带，且基体屑块沿第一变形区与底边呈一定角度周期性排列。

绝热剪切带一般具有两种形式，即形变带与转变带。形变带是在低速下形成的，塑性变形较大；而转变带是在高速下形成的，它与形变带不同的主要特征是组织细化。

变形初期，材料并未发生组织转变，此时易形成形变带，由于切削过程中的热塑性失稳，变形高度集中在剪切区带内；提高切削速度会影响 ASB 的宽度以及形变带内变形集中程度；切削速度继续提高，剪切区带内温度急剧升高，动态回复和再结晶现象出现，组织开始细化。热量集中在剪切区带内，而基体温度变化不大，在基体冷却作用下，材料发生组织转变，类似快速淬火，变形程度的加剧促进了形变带向转变带的转换；随着切削速度进一步提高，裂纹型转变带出现，在绝热剪切带附近的材料变形程度加剧，损伤情况加大，基体屑块与 ASB 交界处的温差和应变梯度促进了微孔洞或微裂纹的形成，这些微损伤渐渐扩大形成宏观裂纹，材料沿着裂纹易从 ASB 处开始发生断裂。

1.3 切削过程建模技术的发展

1.3.1 概述

切削加工是制造高精度、高表面质量产品的最经济、最常用的一种加工方法，在现代制造领域中占有最大份额。切削过程是一个相当复杂的动态过程，在这个过程中涉及多个变量，如应力、应变、应变率与温度等，这些变量在整个过程中相互耦合作用，表现出弹性变形、塑性变形等多种形式，以及摩擦条件复杂、高温高压下工件材料组织易发生变化、加工硬化与高温软化等机制相继作用等。切削加工过程在诸多因素的耦合下变得愈加复杂，人们对切削过程中的机理仍然不甚清楚，缺乏有效预测切削过程及其相关参数的切削模型。

切削模型按照建模方法的不同可分为解析模型、数值模型、经验模型、基于人工智能的模型以及混合模型。按照预测结果的不同，输出参数可分成两大类：基本物理参数的输出以及切削性能预测输出。基本物理参数包括应力、应变、应变率、温度等基础物理量；而切削性能预测输出可用于对刀具磨损/刀具寿命预测、切削表面完整性预测、零件精度预测、切削工艺稳定性预测等。

图 1-5 展示了切削模型建立过程以及各环节之间的相互关系。近年来研究的切削过程模型主要包括基于物理参数的模型和生产过程性能预测模型，利用这两种模型可在切削条件输入的基础上，转换为不同的形式输出以供研究或加工。基于物理参数的模型将输出的诸如切削力参数、摩擦性能参数、应力 - 应变 - 应

变率 - 温度耦合参数等基本变量应用于高速切削过程机理研究,通过调整输入参数和建模方法向高速切削研究提供合理、准确的切削过程物理量参数,用来进一步研究高速切削过程,并向生产企业提供可靠的、可用于生产的切削用量等参数。一个先进的生产过程性能预测模型还可将输入参数连同基于物理参数的模型输出基本物理参数一同用于切削工艺结果的预测,实现对刀具寿命、表面/表层完整性、切屑形态与断裂机制等方面的预测,以此来指导高速切削生产有效有序高效地进行。近年来研究的切削模型将仿真过程模块集成到切削工艺过程模型系统中,提高了生产能力与生产质量,也可将切削模型应用于切削过程自适应控制以减少或消除实验误差。

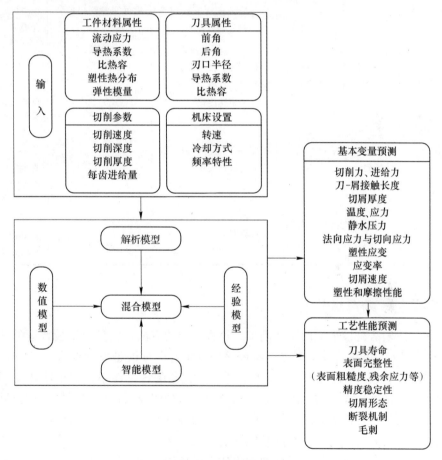

图 1-5 切削模型建立过程及各环节之间的相互关系

1.3.2 切削过程模型

目前切削加工过程建模方法主要有解析建模法、数值建模法、实验建模法、基于人工智能的建模法以及混合建模法。表 1 - 3 列出了不同模型的性能与应用范围。

表 1 - 3　常用模型的性能与应用范围

建模方法	解析模型	数值模型	经验模型	混合模型
建模原理	滑移线理论或最小能量定律	利用有限元、有限差分法、无网格有限元的连续介质力学	实验数据曲线拟合	结合其他方法
预测性能	切削力、切屑几何形态、刀 - 屑接触长度、应力 - 应变 - 应变率 - 温度耦合性能	切削力、切屑几何形态、应力 - 应变 - 应变率 - 温度耦合性能	应用在大多数变量可实验测得的切削过程	为集成模型提供元模型
局限性	通常局限于单刃或多刃的 2D 分析，只存在一些简单的 3D 模型	需要输入摩擦力、材料模型，计算有局限性，划分网格速度慢	仅对实验范围内的数据负责	功能受到基础模型的限制
优　点	适用于简单模型的快速预测	体现了工艺相关参数之间的耦合关系	对工艺相关参数实现快速直接的预测	提高了基本模型的性能和准确性
缺　点	每个切削问题都具备唯一的解析解	计算时间长	需要大量实验，耗时，成本大	需要大量实验数据或仿真

1.3.2.1　解析模型

解析建模法是最早应用于切削加工过程建模的方法，也是应用最普遍的建模方法。从 1937 年芬兰科学家 Piispanen 和 Ernst 的卡片模型发展至今，这种建模方法在历经了近 80 年的发展后已形成了一个完整的理论体系。解析法建立切削过程模型的基础是大量的切削实验，它通过一系列假设条件对切削加工过程进行简化，进而利用解析的方法计算切削过程中的各种变量。利用解析建模法可较直观且准确地预测当前切削区域的摩擦性能参数、切削力以及应力 - 应变 - 应变速率 - 温度耦合参数等，但由于这种方法建立模型的基础是对刀具几何参数、材料性能参数以及刀 - 屑接触性质等基本参数的简化与假设，因此在做定量分析时存在较大误差。这种方法仅适用于连续介质力学，对切削加工过程中的微观形态变化无能为力，对描述工艺过程复杂的高速切削也显得力不从心。

20 世纪 40 年代，Merchant 提出的基于弹塑性理论的单一剪切面模型至今仍被国内外广大研究者广泛应用。Merchant 模型用力学结构解释切削机理问题，较准确地预测了切削过程中的应力、应变、温度等重要参数。应用在切削过程建模中的弹塑性理论以及建立滑移线理论的数学方法一直是众多学者进行切削解析模型研究的理论基础[51]，到了 50 年代，M. C. Shaw[52] 在各向异性工件材料改进的滑移线场理论的基础上，考虑了剪切角与材料应变强化作用、材料缺陷之间的关系，提出了具有材料缺陷的切削模型，缺陷点均匀分布。B. F. Turkovich[53] 在 M. C. Shaw 模型的基础上，考虑了位错理论在切削过程中塑性变形的应用，建立了基于剪切区材料应变强化的稳态切削过程解析模型。1951 年，在假设刀具前刀面上的正应力均匀分布的基础上，Lee 和 Shaffer 提出了理想刚塑性材料切削滑移线场模型[54]，用滑移线场理论来求解切削力、切屑厚度及切屑变形等参数；由于模型是在对应力及切屑形态简化的基础上建立的，求解得到的相关参数与实际切削参数存在较大差异。1965 年，日本的 H. Kudo[55] 建立了基于滑移线场的切削方程式，可用来确定切削力、摩擦力、刀－屑接触长度以及切屑形态等基本参数。该模型考虑了动力平衡问题，但不满足静力平衡条件，计算数值与实际切削数据也存在误差。1978 年，P. Dewhurst[56] 在静态解析模型的基础上建立了具有切屑卷曲效果的滑移线场模型；T. Shi 和 S. Ramalingam[57] 发展了 P. Dewhurst 模型，建立了具有附加角度的限制接触型开槽刀具切削的滑移线场模型。E. G. Loewen 和 M. C. Shaw 等人[58] 提出了剪切面及刀－屑接触区平均温度计算模型，该模型忽略了热量向周围介质传导的影响，因此也存在误差。

近年来，N. Fang 等人[59] 在前人滑移线场模型的基础上，提出通用滑移线场模型，通过该模型只要设置相应参数即可回归得到其他滑移线场模型。I. S. Jawahir 和 X. Wang 等人[60,61] 建立了基于磨损原理的滑移线场模型。Y. Karpal 和 T. Özel[62,63] 提出了针对高速切削过程中的热－力耦合关系以及摩擦行为的滑移线场模型。X. D. Liu 等人[64] 以及 H. T. Zhang 等人[65] 在滑移线场模型的建立方面都做出了一定的成绩。图 1－6 展示了近年来具有代表性的解析模型的特点与发展过程。

1.3.2.2 数值模型

近年来，在切削过程数值建模方法方面的研究焦点主要集中在有限元建模法与无网格建模法上。下面对这两种方法的原理、发展过程以及在金属切削建模方面的贡献进行简单介绍。

A 有限元建模法

有限元建模法是借助于计算机高速、准确处理庞大数据的能力对切削过程进行模拟的一种方法，是目前建立金属切削过程模型最常用的方法。应用于切削过程模型的数值建模法主要有三种：欧拉（Euler）法、拉格朗日（Lagrange）法以

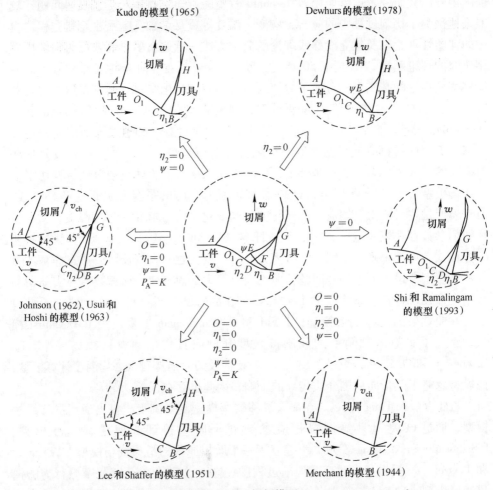

图 1-6 解析模型

及任意拉格朗日 - 欧拉（Arbitrary Lagrange - Euler，ALE）法[66]。

Euler 法以空间坐标为基础，其最大的特点是网格在空间上固定，材料在网格间流动，有限元节点即为空间点。Euler 法的特点是在时间与空间上网格是固定不变的，物质的大变形对网格不会造成影响，可用此法模拟稳态切削过程，但不能模拟切屑形态变化过程，而且这种方法需要在整个计算区域上覆盖网格，因此计算效率较低。

Lagrange 法适用于固体结构应力应变分析，与 Euler 法不同，这种方法的网格会随着物质的运动而运动，物质的变形会引起网格的变形，物质不会在单元之间流动，因此可用此法进行切屑形态的仿真，但必须定义切屑分离准则。Lagrange 法计算效率很高，但其网格变形的特点会使物质在遇到大变形时发生网格畸变现象，对计算精度影响较大。

ALE 法汇集了 Lagrange 法与 Euler 法的优点，使用时综合考虑两种方法的利与弊，如在结构边界运动上采用 Lagrange 法，而在工件内部网格划分时采用 Euler 法，这样既可有效跟踪工件边界运动，又可避免工件变形时产生网格畸变的现象。ALE 法是目前切削有限元建模过程中最常用的方法。

切削加工有限元建模方法是近年来研究的热点，可以利用有限元软件直接建模，也可以用其他三维软件（如 SolidWorks、Pro/E 等）建立模型，利用产品交换技术将其导入有限元软件中[67,68]。使用切削有限元建模法可更深入地研究切削过程中的机理问题，如切削用量和几何参数选用与优化、切屑形态变化机制，温度场与应力应变场等物理场量，切削用量对切削力、切削温度以及切屑成型等的影响情况，材料加工过程中的表面完整性问题等。

从 20 世纪 70 年代开始，国内外研究者们就开始了将有限元建模技术应用于切削加工过程的研究，但由于当时的计算技术的限制，仿真结果与实际切削数据存在较大误差。O. C. Zienkiewicz[69] 研究了工件在主剪切区的变形情况；B. E. Klamecki[70] 应用有限元法模拟了切屑形成过程；随后，T. Shirakashi 和 E. Usui[71] 使用迭代法对 O. C. Zienkiewicz 仿真模型进行了改进；J. S. Strenkowski 和 J. T. Carroll[72] 模拟了非稳态切削过程；到了 20 世纪 90 年代，J. S. Strenkowski 和 K. J. Moon[73] 使用欧拉方程模拟了切削过程中的温度分布与切屑几何形态；J. Q. Xie 等人[74] 模拟了正交切削 $Ti-6Al-4V$ 时准静态切屑形成过程，并对刀具前角与切削力、剪切角之间的关系进行了探索；20 世纪末，S. Lei 和 Y. C. Shin 等人[75] 研究了裂纹对切屑分离的影响；21 世纪初，M. H. Dirikolu 和 T. H. C. Childs 等人[76] 利用有限元方法模拟了切屑流动的过程；Y. Ohbuchia 和 T. Obikawab 等人[77] 研究了正交切削状态下 ASB 与切屑形成过程之间的关系；H. Bil、S. E. Kilic 和 A. E. Tekkaya 等人[78] 分别使用 MSC. Marc、DEFORM-2D 和 AdvantEdge FEM 三种有限元软件模拟了切屑形态演化过程，指出三种软件在仿真切屑分离时均存在不足。

国内在切削有限元建模方面的研究虽然起步较晚，但是近年来在该研究领域投入了大量的人力与物力，因此也取得了很大的进步。清华大学的方刚等人[79] 对切削有限元模型中的切削力、残余应力、温度分布以及切屑形态等方面进行了深入的研究；浙江大学的柯映林等人[80,81] 将切屑分离准则应用于切削热力耦合模型，研究了切削有限元模型中的切屑形态与切削热、切削力之间的关系；杨勇等人[82,83] 探索了有限元仿真在高速切削中的应用；上海交通大学的陈明等人[84] 建立了材料铝合金 LY12 三维有限元切削模型，对温度场、温度分布等切削中的关键问题进行了系统的研究；张东进等人[85] 利用有限元软件 AdvantEdge 和 ABAQUS 研究了切削加工中的残余应力、ASB 等切削机理问题；哈尔滨工业大学的梁作斌[86] 完成了基于有限元软件 AdvantEdge 的 GH4169 切削机理问题研究，主要包括切削力、切削温度以及切屑形态等问题；山东大学的刘战强和艾兴等人[87]对材料铝合金 7050 – T7541 分别建立了二维正交切削有限元模型和三维斜角切削有限元模型，对切削过程中的切削力、切削温度、切屑形态、应力应变场等关键问题进行了深入的研究，并与实际切削数据进行了对比；陈建岭等人[88]建立了基于 Cockroft – Latham 断裂准则的刚塑性有限元模型，并将之应用于高速切削过程；杨奇彪等人[89]对三种塑性金属材料淬硬 45 钢、Ti – 6Al – 4V 和 A17050 进行了高速切削，建立了锯齿形切屑材料力学解析模型，确定了切屑锯齿化临界切削条件；南京航空航天大学的朱文明[29]建立了高速正交切削 Ti – 6Al – 4V 有限元模型，研究了锯齿形切屑、切削力、切削温度等高速切削机理问题；兰州理工大学的李川平等人[90]利用 ABAQUS 有限元软件建立了正交切削有限元模型，提出了考虑流动软化的改进方案，并验证了方案的正确性。

 B 无网格建模法

 传统有限元建模法是依赖于有限元网格划分的一种数值建模方法，当发生大变形时会产生网格移动或网格畸变等现象，此时必须重划网格，由此会带来计算量增大、准确度降低等问题。而切削过程中的高温与高压不可避免地会使工件产生大变形，网格畸变问题必然会发生，同时有限元建模法的切屑分离准则是人为设定，与实际切削过程存在较大差异。以上种种问题都可能使计算精确度下降，甚至导致计算崩溃。

 近年来，无网格法进入了国内外科学家们的视野，这是一种无需定义网格的新的数值建模方法。无网格法利用节点数据建立插值函数，无需划分单元，可方便地处理切削过程中的大变形与畸变等问题，这是有限元建模法无法比拟的。无网格法最早出现于 20 世纪 70 年代，发展到现在至少已有 20 余种建模方法，它们共同的特点是不需要借助于网格，利用的是函数逼近法而非插值法，这是与有限元建模法最根本的区别。

 光滑粒子流体动力学（smoothed particle hydrodynamics，SPH）是最早出现的也是应用较多的无网格方法，它是 1977 年由 Lucy 和 Monag 等人首先提出的一种纯拉格朗日流体动力学方法，产生初始主要是用于解决三维开放空间里的天体物理学问题[91]。SPH 法通过一系列任意分布的粒子或节点求解具有各种边界条件的积分方程或偏微分方程组，进而得到精确稳定的数值解。这种方法是利用空间场函数或核函数离散基本方程，不依赖于网格，因此可较方便地处理金属切削过程中的大变形问题，不必考虑网格畸变与重划，无需人为设置材料分离准则，模拟切削层材料的大变形及切屑形成等过程得心应手。SPH 法具有如下特点：

 （1）不用网格，不存在网格畸变问题，可处理大变形问题；

 （2）允许存在材料界面，适用于高加载速率下的断裂等问题；

 （3）离散化是通过固定质量的质点或节点实现的，而不是传统切削有限元建模中的网格；

（4）是一种纯拉格朗日动力学方法，需要守恒方程。

近年来，国内外许多学者致力于应用 SPH 方法模拟金属切削过程的研究，取得了理想的效果。Calamaz 等人[92]采用 SPH 法模拟了干切削钛合金 Ti – 6Al – 4V 刀具磨损过程，并利用实验数据验证了模型的正确性；J. Limido 等人[93]应用 SPH 法模拟了高速切削过程，对切屑形态与切削力进行了分析与预测，对比了有限元软件 LS – DYNA 与 AdvantEdge 的仿真结果；S. S. Akarca 等人[94]利用 SPH – FEM 耦合法建立了材料 AL 1100 正交切削过程模型，并分析了切削稳态时的应力和应变；Morten F. Villumsen 等人[95]建立了 SPH 法三维金属正交切削模型，并对切削力进行了验证，证明了模型的正确性。

SPH 方法经过 30 多年的发展完善，已广泛应用于各个领域，但作为一种尚处于探索阶段的新技术，这种方法还存在很多不足之处，有待于进一步深入研究。如在数值分析方面的精度、稳定性、收敛性等方面存在很多问题，分析结果过于理想化，可靠性不足；此外，SPH 方法计算过程占用计算资源过大，计算时间过长，尤其在求解大型复杂的三维问题时所占用时间可达到传统有限元方法计算时间的十几倍以上。这种缺陷采用 SPH 和 FEM 耦合的算法可得到缓解，但是粒子需要细化的问题又使运算时间大大增加。

C 边界单元法

边界单元法（boundary element methods，BEM），又称边界元法，是在有限元法和经典的边界积分方程方法两种技术基础上发展起来的新一代计算方法，它将有限元法的离散技术引入边界积分方程中，在边界上进行离散化处理，对于求解集中载荷问题及半平面无限域问题十分有效。边界元法将控制方程式变换为积分方程式，得到边界积分方程式，经过离散之后求解方程组，即可得到边界未知量。BEM 方法特点如下：

（1）离散仅在问题域的边界上进行，维数降低；

（2）在相同精度解要求下，BEM 方法需要输入的数据量比有限元法少，所需划分单元数目也比有限元方法少；

（3）在处理半平面无限域问题与载荷集中等问题时优势明显。

1.3.2.3 经验模型

经验建模法是应用多因素正交回归试验数据建立切削模型的一种最常用方法，建立的模型是具有一定精度的经验公式，各参数之间通过指数关系形式表达。可根据工程基本需要，将切削过程中不易模型化的影响因素利用系数和指数的形式表示出来。这种方法是最简单实用的切削过程建模方法，对研究切削性能、刀具变形、切削用量优化以及设计工艺装备等起到了重要的作用。同样地，经验建模法也存在不足之处。它需要借助大量的试验数据，一个精确的经验模型的建立需要非常丰富的试验数据，这必然会导致成本相对提高，同时还会受到实验条件和特定加工环境的限制，数据仅在一定参数范围内有效，而且不能获得瞬时数据，不能揭示切削过程的动态力学特性。

1.3.2.4 混合模型

混合模型综合了上述解析模型、数值模型、经验模型以及人工智能等的优点，是近年来切削建模技术研究的焦点，可用来预测切削加工整个过程中的切削性能数据。目前应用于智能建模的技术主要包括人工神经网络、遗传算法、混沌理论等[96]。这些智能方法在切削过程分析中起到越来越重要的作用，如将人工神经网络技术与经验建模方法结合在一起，可通过输入对切削过程有影响作用的切削参数，将试验加工数据通过神经网络训练，从而得到切削智能模型。人工智能建模方法在金属切削研究领域中具有巨大的潜力，但这种方法模拟计算的精度以及适用范围等问题还需建立在大量的机理理论以及试验研究的基础上，因此这种建模方法仍然处于探索的阶段。

国内外致力于混合研究的学者很多，他们做了大量的工作[97~101]，使这种建模方法取得了很大的进步。近年来，人们将人工神经网络、遗传算法等人工智能方法应用于加工工艺参数的评定与优化、加工误差的预测、刀具磨损预测等方面[102]。Szecsi[103]采用误差向后传播算法建立了基于前馈多层神经网络模型的车削力预测模型，经对比，该智能模型预测精度高于经典解析模型；Alique 等人[104]建立了一个能用于在线预测平均切削力的通用铣削力神经网络模型。Zuperl[105]在 3500 组不同切削条件试验数据的基础上建立了一个预测球头铣刀铣削力的切削混合模型，其预测精度也比传统模型高。

1.3.3 材料本构研究

本构模型从广义上来讲是自然界中某一作用与该作用产生的效果两者之间的关系，从狭义上来讲专指力以及固体材料在力作用下产生的变形之间的关系[106]。材料本构模型大致可分为弹性模型、塑性模型、黏弹性模型、黏塑性模型、损伤模型五大类。在金属切削有限元分析时，要考虑到金属切削过程中应力 - 应变 - 应变率 - 温度等关键因素间的耦合关系。

要建立正确的适用的切削有限元仿真模型，必须建立一个能准确描述材料动力学行为的本构方程，这样才能获得切削力、温度、应力 - 应变等因素之间的关系。也就是说，合理的材料本构模型是建立正确的切削有限元仿真模型的基础。

近年来，各国学者们为了能准确地描述切削金属材料的变形特性，已经在实验数据的支持下，建立并完善了多种切削变形本构模型[107]。Bodner 和 Partom[108]认为弹性部分和塑性部分应分别建模，在 20 世纪 60 年代末，他们建立了

Bodner – Partom 本构模型，提出本构模型中不同部分应使用不同定律进行描述的方法。由于材料参数较多，使用不方便，该模型没有得到广泛应用；到了 80 年代，Follansbee 和 Kocks 等人[109]认为应变与初始加工硬化率线性相关，建立了把临界应力作为内部变量的 Follansbee – Kocks 本构模型。这种本构模型在高应变率下难以获得精确的模拟结果，且也存在参数多，使用不便等问题。本构模型经历了从 20 世纪到 21 世纪的漫长发展历程，得到广泛应用的材料本构模型主要有 Johnson – Cook（J – C）模型、Baummann – Chiesa – Johnson（BCJ）模型以及 Nemat – Nasser 模型[110,111]等。Zerilli – Armstrong[112]考虑了溶质和晶粒尺寸对本构模型的影响，提出了基于材料微观结构的位错力学模型；Rhim 和 Oh[113]研究了锯齿形切屑形态演变机制，建立了高速切削 AISI1045 钢的本构模型；Calamaz 和 Özel 等人[114,115]建立了考虑应变软化的本构模型，并成功将此模型应用于切屑与刀具磨损的预测；Shi 等人[116]建立了分散式第一剪切区模型，并应用于切削镍基合金 718 中；Arrazola 等人[117]建立了基于细化比率的有限元本构模型，将此应用于本构参数对绝热剪切现象的影响研究；Umbrello 等人[118]以切屑压缩比为参量，利用 DEFORM 有限元软件，对比分析了不同 J – C 本构参数的绝热剪切发生过程。

国内在本构模型方面的研究进展很快。程国强等人[119]修正了 Johnson – Cook 模型，利用软化项来反映材料的损伤；彭建祥等人[120]研究了材料钽在不同温度、不同应变率下的应力 – 应变情况，建立了 Zerilli – Armstrong 修正模型；李海涛等人[121]提出了基于 Tanaka 相变理论的形状记忆合金两相混合本构模型；郭伟国[122]也建立了一种修正的 J – C 本构模型，以此拟合了奥氏体钢的流变应力；中国工程物理研究院结构力学研究所的陈刚[123]研究了材料 Ti – 6Al – 4V 在 20 ~ 750℃、应变率 $10^{-4} \sim 10^3 s^{-1}$ 下的力学行为，依此建立了塑性本构模型；南京航空航天大学鲁世红等人[124]研究了两种材料（钛合金 Ti – 6Al – 4V 和高强度 H13 淬硬钢）在高应变速率下的本构模型，分析了正交切削时锯齿形切屑形成机理，有限元仿真证明了该本构模型的正确性。

参 考 文 献

[1] 艾兴. 高速切削加工技术［M］. 北京：国防工业出版社，2003.

[2] 刘战强，黄传真，郭培全. 先进切削加工技术及应用［M］. 北京：机械工业出版社，2005.

[3] 钱九红. 航空航天用新型钛合金的研究发展及应用［J］. 稀有金属，2000，24（3）：218 ~ 222.

[4] 张喜燕，赵永庆，白晨光，等. 钛合金及应用［M］. 北京：化学工业出版社，2005：

1, 2.

[5] Ahmed T, Rack H J. Phase transformations during cooling in α + β titanium alloys [J]. Mater. Sci. Eng., 1998, A243(1 − 2): 206.

[6] Margolin H, Cohen P. Evolution of the equiaxed morphology of phases in Ti − 6Al − 4V [C]. Titanium′80: Science and Technology, 1980: 1554 ~ 1561.

[7] Flaquer J, Sevillano J G. Dynamic sub − grain coalescence during low − temperature large plastic strains [J]. Mater. Sci., 1984: 423 ~ 427.

[8] Andrade U, Meyers M A, Vecchio K S, et al. Dynamic recrystallization in high − strain, high − strain − rate plastic deformation of copper [J]. Acta Metall. Mater., 1994, 42(9): 3183 ~ 3195.

[9] Nesterenko V F, Meyers M A, LaSalvia J C, et al. Shear localization and recrystallization in high − strain, high − strain − rate deformation of tantalum [J]. Materials Science and Engineering A, 1997, 229 (1 − 2): 23 ~ 41.

[10] 王敏杰. 金属动态力学性能与热塑剪切失稳的正交切削试验方法 [D]. 大连: 大连理工大学, 1989.

[11] 段春争. 正交切削高强度钢绝热剪切行为的微观机理研究 [D]. 大连: 大连理工大学, 2005.

[12] Derby B, Ashby M F. Ondynamicrecrystallisation [J]. Scripta Metall., 1987 (21): 879 ~ 884.

[13] Li J C M. Possibility of sub − grain rotation during Recrystallization [J]. J. APPl. Phys., 1962 (33): 2958 ~ 2965.

[14] Doherty R D, SzPunar J A. Kinetics of sub − grain coalescence—A reconsideration of the theory [J]. Aeta Metall., 1984(32): 1789 ~ 1798.

[15] Johnson W A, Mehl R F. Reaction kinetics in processes of nucleation and growth [J]. Trans. Aime., 1939, 135(8): 396 ~ 415.

[16] 艾兴, 等. 高速切削加工技术 [M]. 北京: 国防工业出版社, 2003.

[17] Liu L J, Wu W G. The HSM intelligent database system based on neural networks [J]. Advanced Materials Research, 2011(201 − 203): 162 ~ 166.

[18] 张伯霖. 高速切削技术及应用 [M]. 北京: 机械工业出版社, 2002.

[19] Liu L J, Wu W G. The HSM cutters management system based on B/S [J]. Advanced Materials Research, 2010(97 − 101): 3604 ~ 3608.

[20] 李兴泉. 航空钛合金结构件高效铣削工艺研究 [D]. 沈阳: 东北大学, 2010.

[21] 吕杨, 李晓岩. 航空航天用钛合金的切削加工现状及发展趋势 [J]. 航空制造技术, 2012 (14): 55 ~ 57.

[22] 耿国盛. 钛合金高速铣削技术的基础研究 [D]. 南京: 南京航空航天大学, 2006.

[23] Ezugwu E O. Key improvements in the machining of difficult − to − cut aerospace superalloys [J]. International Journal of Machine Tools & Manufacture, 2005, 45: 1353 ~ 1367.

[24] Schulz H, Moriwaki T. High speed machining [J]. Ann. CIRP, 1992, 41(2): 637 ~ 643.

[25] 陈建岭. 钛合金高速铣削加工机理及铣削参数优化研究 [D]. 济南: 山东大学, 2009.

［26］姜峰. 不同冷却润滑条件 Ti6Al4V 高速加工机理研究［D］. 济南：山东大学，2009.

［27］颜渝. 钛合金切削加工的条件及参数［J］. 航空动力技术，2008，28(4)：35～38.

［28］刘志新. 高速铣削过程动力学建模及其物理仿真研究［D］. 天津：天津大学，2006.

［29］朱文明. 高速切削 Ti－6Al－4V 切屑形成仿真研究［D］. 南京：南京航空航天大学，2007.

［30］王礼立，余同希，李永池. 冲击动力学进展［M］. 合肥：中国科学技术大学出版社，1992.

［31］Zener C，Hollomon J H. Effect of strain rate upon plastic flow of steel［J］. Journal of Applied Physics，1944，15(1)：22.

［32］王礼立. 爆炸与冲击载荷下结构和材料动态响应研究的新进展［J］. 爆炸与冲击，2001，21(02)：81～88.

［33］毛卫民，赵新兵. 金属的再结晶与晶粒长大［M］. 北京：冶金工业出版社，1994：29～32.

［34］Wingrove A L，Wulf G L. Some aspects of target and projectile properties on penetration［J］. J. Aust. Inst. Met.，1973，18：167～172.

［35］Recht R. Catastrophic thermoplastic shear［J］. Trans ASME，J Appl Mech，1964，31：189～193.

［36］Culver R S. In metallurical effect at high strain－rates［M］. Rhode R W，Butcher B M，Holland J R，Karnes C H，ed. New York：Plenum Press，1973：519～530.

［37］Schoenfeld S E，Wright T W. A failure criterion based on material instability［J］. International Journal of Solids and Structures，2003(40)：3021～3037.

［38］Meyers M A，Xu Y B，Xue Q，et al. Microstructural evolution in adiabatic shear localization in stainless steel［J］. Acta Materialia，2003(51)：1307～1325.

［39］Guo Y B，David W Yen. A FEM study on mechanisms of discontinuous chip formation in hard machining［J］. Journal of Materials Processing Technology，2004：1350～1356.

［40］Meyers M A，Xu Y B，Xue Q，et al. Microstructural evolution in adiabatic shear localization in stainless steel［J］. Acta Materialia，2003(51)：1307～1325.

［41］Grady D E. Properties of an adiabatic shear－band process zone［J］. Journal of the Mechanics and Physics of Solids，1992，40(6)：1197～1215.

［42］谭成文，王富耻. 材料绝热剪切敏感性表征及测试方法研究［J］. 北京理工大学学报，2004，24(5)：377～378.

［43］Komanduri R，Brown R H. On the mechanics of chip segmentation in machining［J］. Journal of Engineering for Industry，1981，103(1)：33～51.

［44］Recht R F. A dynamic analysis of high speed machining［J］. Journal of Engineering for Industry，1985，107：309～315.

［45］Vyas A，Shaw M C. Mechanics of saw－tooth chip formation in metal cutting［J］. Journal of Manufacturing Science and Engineering，1999，121(2)：163～172.

［46］Nakayama K. The formation of saw－toothed chip in metal cutting［C］//Proceedings of International Conference on Production Engineering，Japan，Tokyo，1974：571～581.

[47] Bai Y, Dodd B. Adiabatic Shear Localization: Occurrence, Theories and Applications [M] . Oxford: Pergam on Press, 1992.

[48] Turley D M, Doyle E D. Calculation of shear strains in chip Formation in Titanium [J] . Materials Science and Engineering, 1982(55): 45 ~48.

[49] Bayoumi A E, Xie J Q. Some metallurgical aspects of chip formation in cutting Ti – 6Al – 4V alloy [J] . Materials Science and Engineering, 1995, A190(1 – 2): 173 ~180.

[50] Sun S, Brandt M, Dargusch M S. Characteristics of cutting forces and chip formation in machining of titanium alloys [J] . International Journal of Machine Tools and Manufacture, 2009, 49 (7 – 8): 561 ~568.

[51] Lee E H, Shaffer B W. The Theory of plasticity applied to a problem of machining [J] . Transactions of ASME, 1951, 73: 405 ~413.

[52] Shaw M C. A quantized theory of strain hardening as applied to the cutting of metals [J]. Journal of Applied Physics, 1950, 21: 599 ~606.

[53] Turkovich B F. Shear stress in metal cutting [J] . Journal of Engineering for Industry , Transactions of the ASME, 1970, 94: 151 ~157.

[54] Lee E H, Shaffer B W. The theory of plasticity applied to a problem of machining [J] . Journal of Applied Mechanics, Transactions of the ASME, 1951, 18: 405 ~413.

[55] Kudo H. Some new slip – line solutions for two – dimensional steady – state machining [J] . International Journal of Mechanical Sciences, 1965, 7: 43 ~55.

[56] Dewhurst P. On the non – uniqueness of the machining process [J]. Proceedings of Royal Society of London: Series A, 1978, 360: 587 ~610.

[57] Shi T, Ramalingam S. Modeling chip formation with grooved tools [J]. International Journal of Mechanical Sciences, 1993, 35: 741 ~756.

[58] Loewen E G, Shaw M C. On the analysis of cutting tool temperatures [J] . Transactions of ASME, 1954, 71: 217 ~231.

[59] Fang N, Jawahir I S. A new methodology for determining the stress state of the plastic region in machining with restricted contact tools [J]. International Journal of Mechanical Sciences, 2001, 43: 1747 ~1770.

[60] Jawahir I S, Wang X. Development of hybrid predictive models and optimization techniques for machining operations [J]. Journal of Materials Processing Technology, 2007, 185: 46 ~59.

[61] Wang X, Jawahir I S. Recent advances in plasticity applications in metal machining: Slip – line models for machining with rounded cutting edge restricted contact grooved tools [J]. International Journal of Machining and Machinability of Materials, 2007, 2: 347 ~360.

[62] Karpal Y, Özel T. Analytical and thermal modeling of high – speed machining with chamfered tools [J]. Journal of Manufacturing Science and Engineering, Transactions of the ASME, 2008, 130(1) : 011001.

[63] Karpal Y, Özel T. Mechanics of high speed cutting with curvilinear edge tools [J]. International Journal of Machine Tools and Manufacture, 2008, 48: 195 ~208.

[64] Liu X D, Lee L C, Lam K Y. A slip – line field model for the determination of chip curl radius

［J］. Journal of Engineering for Industry, Transactions of the ASME, 1995, 117: 266～271.

［65］ Zhang H T, Liu P D, Hu R S. The theoretical calculation of naturally curling radius of chip ［J］. International Journal of Machine Tools and Manufacturing, 1989, 29(3): 323～332.

［66］ 董辉跃. 航空整体结构件加工过程的数值仿真 ［D］. 杭州：浙江大学, 2004.

［67］ 刘丽娟, 任建平, 等. 钢轨探伤小车机架的优化设计 ［J］. 华北工学院学报, 2004 (25): 198～201.

［68］ 刘丽娟, 任建平. SolidWork 二次开发的应用 ［J］. 机械管理开发, 2005(1): 74～75.

［69］ Zienkiewicz O C. Analysis of the mechanism of orthogonal machining by the finite element method ［J］. Journal of the Japan Society for Precision Engineering, 1971, 37(7): 503～508.

［70］ Klamecki B E. Incipient chip formation in metal cutting: A three dimension finite element analysis ［D］. University of Illinois at Urbana–Champaign, 1973.

［71］ Shirakashi T, Usui E. Simulation analysis of orthogonal metal cutting process ［J］. Journal of the Japan Society for Preeision Engineering, 1974, 42(5): 535～540.

［72］ Strenkowski J S, Carroll J T. Finite element model of orthogonal metal cutting ［J］. Ameriean Society of Mechanical Engineers, 1984(12): 157～166.

［73］ Strenkowski J S, Moon K J. Finite element predietion of chip geometry and tool workpiece temperature distribution in orthogonal metal cutting ［J］. Tran ASME J England 1990, 112(4): 313～318.

［74］ Xie J Q, Bayoumi A E, Zbib H M. A study on shear banding in chip formation of orthogonal machining ［J］. International Journal of Machine Tools and Manufacturing, 1996, 36: 835～847.

［75］ Lei S, Shin Y C, Incropera F P. Thermo–mechanical modeling of orthogonal machining process by finite element analysis ［J］. International Journal of Machine Tools & Manufacture, 1999, 39(5): 731～750.

［76］ Dirikolu M H, Childs T H C, Maekawa K. Finite element simulation of chip flow in metal machining ［J］. International Journal of Mechanical Sciences, 2001, 43: 2699～2713.

［77］ Ohbuchia Y, Obikawab T. Adiabatic shear in chip formation with negative rake angle ［J］. International Journal of Mechanical Sciences, 2005, 47: 1377～1392.

［78］ Bil H, Kilic S E, Tekkaya A E. A comparison of orthogonal cutting data from experiments with three different finite element models ［J］. International Journal of Machine Tools & Manufacture, 2004, 44: 933～944.

［79］ 方刚, 曾攀. 金属正交切削工艺的有限元模拟 ［J］. 机械科学与技术, 2003, 22(4): 641～645.

［80］ 黄志刚, 柯映林, 王立涛. 金属切削加工的热力耦合模型及有限元模拟研究 ［J］. 航空学报, 2004, 25(3): 317～320.

［81］ 成群林, 柯映林, 董辉跃, 等. 高速硬加工中切屑成型的有限元模拟 ［J］. 浙江大学学报（工学版）, 2007, 41(3): 509～513.

［82］ 宫爱红, 阮景奎, 杨勇, 等. 合金铸铁高速切削的有限元模型 ［J］. 制造技术与机床, 2007(8): 36～40.

[83] 杨勇，柯映林，董辉跃. 钛合金切削绝热剪切带形成过程的有限元分析 [J]. 浙江大学学报（工学版），2008，42(3)：534～538.

[84] 陈明，袁人炜，凡孝勇，等. 三维有限元分析在高速铣削温度研究中的应用 [J]. 机械工程学报，2002，38(7)：76～79.

[85] 张东进. 切削加工热力耦合建模及其试验研究 [D]. 上海：上海交通大学，2008.

[86] 梁作斌. 镍基高温合金 GH4169 高速切削加工性能的研究 [D]. 哈尔滨：哈尔滨工业大学，2009.

[87] 唐志涛，刘战强，艾兴，等. 金属切削加工热弹塑性大变形有限元理论及关键技术研究 [J]. 中国机械工程，2007，18(6)：746～751.

[88] 陈建岭，李剑峰，孙杰，等. 钛合金高速切削切屑形成机理的有限元分析 [J]. 组合机床与自动化加工技术，2007(1)：25～28.

[89] 杨奇彪. 高速切削锯齿形切屑的形成机理及表征 [D]. 济南：山东大学，2012.

[90] 李川平. Ti6Al4V 钛合金动态本构模型与高速切削有限元模拟研究 [D]. 兰州：兰州理工大学，2011.

[91] 陆春月，刘丽娟，等. 一种连续水锤冲击振动发生器：中国：2012104313684 [P] 2013 - 03 - 06.

[92] Calamaz M，Limido J，Nouari M，Espinosa C，Coupard D，Salaüin M，Girot F，Chieragatti R. Toward a better understanding of tool wear effect through a comparison between experiments and SPH numerical modeling of machining hard materials [J]. International Journal of Refractory Metals & Hard Materials，2009，27：595～604.

[93] Limido J，Espinosa C，Salaun M，Lacome J. SPH method applied to high speed cutting modeling [J]. Int J Mech Sci，2007，49：898～908.

[94] Akarca S S，Song X，Altenhof W J，Alpas A T. Deformation behaviour of aluminum during machining：modeling by Eulerian and smoothed - particle hydrodynamics methods [C] // Proc IMechE Vol. 222 Part L：J. Materials：Design and Applications，2008，3(28)：1～13.

[95] Morten F Villumsen，Torben G Fauerholdt. Simulation of metal cutting using smooth particle hydrodynamics [R]. 7th LS - DYNA Forum，Bamberg Germany，2008.

[96] 刘丽娟，武文革. 基于教学的数控机床故障诊断系统的研究 [J]. 机械管理开发，2010，25(02)：98～101.

[97] Grzesik W. Determination of the temperature distribution in the cutting zone using hybrid analytical - FEM technique [J]. International Journal of Machining Tools & Manufacture，2006，46(6)：651～658.

[98] 刘丽娟. 基于 web 的产品数字化仿真设计与研制 [D]. 太原：中北大学，2005.

[99] Mondelin A，Valiorgue F，Rech J，Coret M，Feulvarch E. Hybrid model for the prediction of residual stresses induced by 15 - 5ph steel Turning [J]. International Journal of Mechanical Science，2012，58：69～85.

[100] 刘丽娟，武文革. 基于网络的实践课程智能管理系统的研究 [J]. 中国电力教育，2014 (08)：182～191.

[101] Umbrello D，Ambrogio G，Filice L，Shivpuri R. A hybrid finite element method—Artificial

neural network approach for predicting residual stresses and the optimal cutting conditions during hard turning of AISI 52100 bearing Steel [J]. Materials & Design, 2008, 29(4): 873~883.

[102] Liu L J, Wu W G. Design of database system for high speed machining based on web [J]. ITIC 2009, 2009(556): 75~79.

[103] Szecsi T. Cutting force modeling using artificial neural networks [J]. Journal of Materials Processing Technology, 1999, 92~93: 344~349.

[104] Alique A, Haber R E, Haber R H, et al. A neural network – based model for the prediction of cutting force in milling process. A progress study on a real case [C] //Proceedings of the 15th International Symposium on Intelligent Control, Patras, Greece, 2000: 121~125.

[105] Zuperl U, Cus F. Tool cutting force modeling in ball – end milling using multilevel perception [J]. Journal of Materials Processing Technology, 2004, 153~154: 268~275.

[106] 康国政. 非弹性本构理论及其有限元实现 [M]. 成都: 西南交通大学出版社, 2010.

[107] 李波, 武文革, 刘丽娟, 肖哲鹏. 一种 Ti6Al4V 的本构参数模型及其有限元仿真研究 [J]. 机床与液压, 2015(01): 12~15.

[108] Bodner S R, Partom Y. Constitutive equations for elastic plastic strain harding materials [J]. ASME J. Appl. Mech. , 1975, 42: 385~389.

[109] Follansbee P S, Kocks U F. A constitutive description of the deformation of copper based on the use of the mechanical threshold stress as an internal state variable [J]. Acta. Metall. , 1988, 36: 81~93.

[110] Johnson G R, Cook W H. A constitutive model and data for metals subjected to large strains, high strain rates and high temperatures [C] //Proceedings of the Seventh International Symposium on Ballistic. Amsterdam, The Netherlands: The Hague, 1983: 541~547.

[111] Nemat – Nasser S. Dynamic response of conventional and hot isostatically pressed Ti – 6Al – 4V alloys: Experiments and modelling [J]. Mechanics of Materials, 2001, 33(8): 425~439.

[112] Zerilli F J, Armstrong R W. Dislocation mechanics based constitutive relations for material dynamics calculations [J]. Journal of Applied Physics, 1987, 61(5): 1816~1825.

[113] Rhim S H, Oh S I. Prediction of serrated chip formation in metal cutting process with new flow stress model for AISI 1045 steel [J]. Journal of Materials Processing Technology, 2006, 171(3): 417~422.

[114] Calamaz M, Coupard D, Girot F. A new material model for 2D numerical simulation of serrated chip formation when machining titanium alloy Ti – 6Al – 4V [J]. International Journal of Machine Tool and Manufacture, 2008, 48(3/4): 275~288.

[115] Özel T, Sima M, Srivastava A K, et al. Investigations on the effects of multi – layered coated inserts in machining Ti – 6Al – 4V alloy with experiments and finite element simulations [J]. CIRP Annals: Manufacturing Technology, 2010, 59(1): 77~82.

[116] Shi B, Atti H. Part I: An analytical model describing the stress, strain, strain rate and temperature fields in the primary shear zone in orthogonal metal cutting [J]. Journal of Manufacturing Science and Engineering, 2010, 132(5): 051008. 1~051008. 11.

[117] Arrazola P J, Barbero O, Urresti I. Influence of material parameters on serrated chip prediction in finite element modeling of chip formation process [J]. International Journal of Material Forming, 2010, 3(Sup. 1): 519 ~ 522.

[118] Umbrello D, Saoubi R M, Outeiro J C. The influence of Johnson – Cook material constants on finite element simulation of machining of AISI 316L steel [J]. International Journal of Machine Tools and Manufacture, 2007, 47(3): 462 ~ 470.

[119] 程国强, 李守新. 金属材料在高应变率下的热粘塑性本构关系 [J]. 弹道学报, 2004, 16(4): 18 ~ 22.

[120] 彭建祥, 李大红. 温度与应变率对钽流变应力的影响 [J]. 高压物理学报, 2001, 15 (2): 146 ~ 150.

[121] 李海涛, 彭向和, 黄尚廉. 形状记忆合金的一种基于经典塑性理论的两相混合本构模型 [J]. 固体力学学报, 2004, 25(1): 58 ~ 62.

[122] 郭伟国. 一种新型奥氏体不锈钢的塑性流变行为研究 [J]. 西北工业大学学报, 2001, 19(3): 476 ~ 479.

[123] 陈刚, 陈忠富. TC4 动态力学性能研究 [J]. 实验力学, 2005, 20 (4): 605 ~ 609.

[124] 鲁世红. 高速切削锯齿形切屑的实验研究与本构建模 [D]. 南京: 南京航空航天大学, 2009.

2 金属切削过程建模技术

金属切削过程涉及应力、应变、应变率与温度等多个变量，切削加工过程在诸多因素耦合机制影响下变得非常复杂，且人们对切削机理方面的研究仍然不够透彻，缺乏能有效预测切削过程及其相关参数的切削过程模型。由前所述，金属切削过程模型可分为解析模型、数值模型、经验模型、基于人工智能混合模型等。本章以实例为基础，详细介绍各种金属切削过程模型的建立方法以及上述模型在对基本物理参数和切削性能参数的预测方面的应用。

2.1 切削过程数值模型

2.1.1 概述

切削过程建模的数值模型主要包括有限元建模法与无网格建模法两大类，这里主要介绍金属切削过程有限元建模法。

金属切削有限元仿真可以较真实、直观地反映金属切削过程，减少实验试错次数，因此这种技术在切削基础理论研究领域中占有重要的地位。本章主要阐述切削有限元建模关键技术，介绍切削过程有限元建模过程。有限元法是一种由变分法发展而来的求解微分方程的数值计算方法，它对连续体进行处理，将其离散成一系列单元体的集合，并通过结点连接制约。这样，原来的连续体就被这些单元体所代替，结构体系发生了变化，再加上标准的结构分析处理方法，降低了求解数学问题的复杂性，只需要处理转化而成的线性方程组即可。通过矩阵方法并借助计算机求解能力，利用代数方程组就可以得到原问题的近似解[1]。有限元法的步骤一般可分为以下几步。

第一步，建立有限元模型与结构离散化。首先，根据实际问题确定模型的物理性质和几何区域，然后进行单元划分。单元划分足够细化，且单元位移函数选择合理，则求解得到的结果就足够精确，可以满足用户对问题的求解要求。

第二步，建立单元位移函数，确定收敛条件。一般可通过两种方法获得位移函数，即广义坐标法与插值函数法。收敛条件设定时要注意获得的位移函数中要含有常应变项、刚性位移项，单元内的位移函数保证是连续的。

第三步，进入单元分析过程。前两步完成后，就确定了单元位移函数与收敛条件，进入主体分析过程。在这一步骤中，主要是要结合弹性力学中的基本原理与方法，对单元体进行分析，建立单元平衡方程，对单元刚度矩阵进行求解。

第四步，整体分析，边界条件处理。进行坐标系变换，将局部坐标系下单元平衡方程转换为整体坐标系下的单元平衡方程，然后通过一系列从局部到整体的变换，得到有限元分析的整体平衡方程式，最后只要求解整体平衡方程就可以了。

切削加工过程有限元模型仿真可预测刀具磨损、切屑形态，可优化加工参数与刀具几何参数，可为生产企业提供合理的切削数据推荐值以及可靠的理论技术指导，因此这种建模方式受到很多制造企业的青睐。目前，市场上有很多有限元软件都可用于切削过程有限元仿真，包括通用有限元软件 ABAQUS、专用切削有限元软件 AdvantEdge、DEFORM 等，这些有限元软件仿真过程如图 2-1 所示，一般包括前处理、模型仿真以及后处理等步骤。

图 2-1　有限元软件仿真过程

2.1.2　典型有限元切削建模技术

2.1.2.1　ABAQUS 切削有限元

ABAQUS 有限元软件可以分析复杂的固体力学问题，可以构建结构力学系统，善于处理庞大复杂的高度非线性问题，是公认的功能最强大的有限元软件之一。本章利用 ABAQUS/CAE 模块完成切削有限元模型的建立，解算并完成后处理后，能得到形象化、量化的仿真结果，并可以对仿真结果进行分析，以帮助我们进一步了解复杂的切削动态过程。

ABAQUS 有限元软件采用 Johnson-Cook(J-C) 断裂方程，遵循等效塑性应变分离准则，切屑分离过程利用动态失效模型来模拟。这种破坏准则同时考虑应变、应变率、温度和压力等因素对切削过程的影响，与实验结合在一起，是一种能真实反映切削过程中切屑分离的动态过程的方法。J-C 动态失效模型在工作过程中主要考虑单元积分点处等效塑性应变值，用破坏参数 D 来表示，如式 (2-1) 所示，当 $D = 1.0$ 时，单元材料发生失效而从工件上分离出来，即为切屑，被破坏的网格被新的网格代替。

$$D = \sum \frac{\Delta \bar{\varepsilon}^{\mathrm{pl}}}{\varepsilon_{\mathrm{f}}^{\mathrm{pl}}} \tag{2-1}$$

式中，$\Delta \bar{\varepsilon}^{\mathrm{pl}}$ 为等效塑性应变增量；$\bar{\varepsilon}_{\mathrm{f}}^{\mathrm{pl}}$ 为材料失效应变，对分析过程中的增量求和。假定材料失效应变 $\bar{\varepsilon}_{\mathrm{f}}^{\mathrm{pl}}$ 依赖于 3 个无量纲值：材料塑性应变率 $\dot{\varepsilon}^{\mathrm{pl}}$ 与参考应变率 $\dot{\varepsilon}_0$ 的比值 $\dfrac{\dot{\bar{\varepsilon}}^{\mathrm{pl}}}{\dot{\varepsilon}_0}$、主应力平均应力 σ_p 与 Mises 应力 σ_e 的偏压应力比 $\dfrac{\sigma_p}{\sigma_e}$ 以及无量纲温度 $\hat{\theta} = \dfrac{T - T_0}{T_{\mathrm{melt}} - T_0}$。$\bar{\varepsilon}_{\mathrm{f}}^{\mathrm{pl}}$ 的依赖性是可分离的，可由式（2-2）来表示：

$$\bar{\varepsilon}_{\mathrm{f}}^{\mathrm{pl}} = \left[d_1 + d_2 \exp\left(d_3 \frac{\sigma_p}{\sigma_e} \right) \right] \left(1 + d_4 \ln \frac{\dot{\bar{\varepsilon}}^{\mathrm{pl}}}{\dot{\varepsilon}_0} \right) \left(1 + d_5 \frac{T - T_0}{T_{\mathrm{melt}} - T_0} \right) \quad (2-2)$$

式中，$d_1 \sim d_5$ 为失效参数，是采用有限元迭代法计算并修正得到的材料参数值。

ABAQUS 中的刀-屑接触采用有限滑移形式的面对面运动学接触方式，可以根据实际接触应力判断切屑同刀具间处于何种接触，进而选择相应的摩擦模型。图 2-2 是采用两种不同摩擦方式的加工材料的有限元模型。

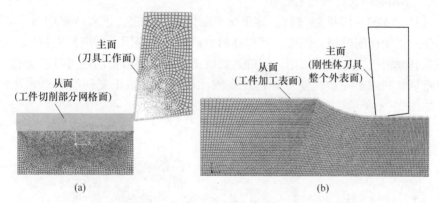

图 2-2　两种不同摩擦方式的加工材料有限元模型

（a）AISI-1045 钢材料的等厚度摩擦模型；（b）AISI 4340 合金钢的变厚度摩擦模型

A　车削模型

a　车削有限元实验设置

材料：AISI-1045 钢，材料成分见表 2-1。

表 2-1　AISI-1045 钢成分　　　　　　　　（%）

元素	C	Si	Mn	S	P	Cr	Ni	Fe
含量	0.42 ~ 0.45	0.17 ~ 0.37	0.5 ~ 0.8	≤0.035	≤0.035	≤0.025	≤0.025	余量

选取切削速度 v_c、进给量 f、背吃刀量 a_p 三个因素，充分考虑每个因素常用值的取值范围，制定三因素三水平正交实验方案，车削有限元实验因素水平表见表 2-2。这种方法可以用最少的次数得到最丰富的数据信息，减少模拟次数，提高数据的准确率。

表 2 – 2 车削三因素三水平表

因　素	一水平	二水平	三水平
切削速度 v_c/mm · min^{-1}	200	400	600
进给量 f/mm · r^{-1}	0.12	0.3	0.5
背吃刀量 a_p/mm	0.5	0.8	1

在对金属车削参数进行选择时，主要是以生产现场的切削用量为基准，按照不同材料的车削加工要求，在保证加工条件合理性的前提下，尽量扩大切削用量的使用范围。之后，结合实验对切削有限元仿真结果进行对比分析，以提高仿真模型的可靠性和精度，为深入研究切削机理以及优化切削用量等提供理论与技术支持。

b　车削有限元建模过程

对材料 AISI – 1045 钢进行二维正交车削仿真。首先，进入 ABAQUS/CAE 模块，建立正交切削模型，网格形状选择四边形网格，选用自适应网格技术，划分时注意其紧密程度与距离切削区域的远近成正比。在模拟切削过程时可动态实现网格重划。利用热 – 塑性变形理论及有限元法建立二维正交切削有限元几何模型，如图 2 – 3 所示。

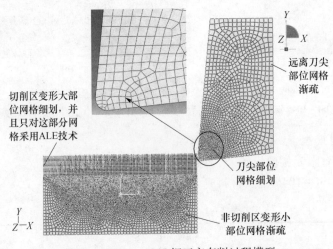

图 2 – 3　AISI – 1045 钢正交车削过程模型

从刀尖部分的放大图中可看出，刀尖部分采用圆角设计。这是为了防止主变形区的网格畸变，提高网格计算效率。启用 ALE 自适应网格划分技术，在变形加剧时自动重划网格，实时优化网格质量，以适应局部大变形的要求。

在 ABAQUS/CAE 模块中设置初始重划网格数为15，以每30个增量步幅自适应划分，频率为1，也可在 INPUT 文件里编写如下语句进行重划网格自适应设置：

　　*Adaptive Mesh Controls, name = ADA - 1, geometric enhancement = YES
0.5, 0., 0.5

　　*Adaptive Mesh, elset = _ PICKEDSET132, controls = ADA - 1, frequency =
1, initial mesh sweeps = 15, mesh sweeps = 30, op = NEW

　　图 2 - 4 为在 ABAQUS 中运用 ALE 自适应网格划分技术模拟切削不同时刻的
网格变化情况。

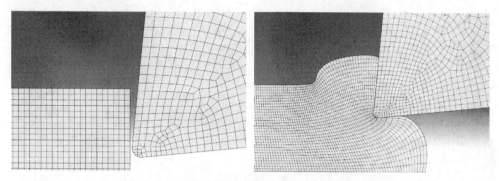

图 2 - 4　ABAQUS 仿真切削过程时的网格状态

　　ABAQUS 有限元仿真设置时，选用弹塑性材料，定义工件的弹性模量、泊松
比、摩擦系数等材料特性，切削加工选用的刀具材料强度与刚度往往远远高于工
件材料的强度与刚度，因此可假设刀具不发生塑性变形。

　　在图 2 - 3 所示的切削有限元模型中，设置工件为具有一定厚度的长方形，
尺寸为 10mm×5mm，划分 15755 个网格单元，网格采用 4 节点线性减缩积分平
面应变单元，刀具被划分为 1503 个单元；设定工件和刀具的初始温度为 20℃，
将刀具固定在 X 方向和 Y 方向上，设定 Y 方向固定，工件沿 X 正方向以切削速度
相对于刀具运动。刀 - 屑摩擦权重因子设置为 0.5，滑动区和黏结区的摩擦系数分别设置为 0.4 和 1。

　　c　有限元仿真结果分析

　　(1) 切屑形态仿真。切削过程中，切削层材料在刀具前刀面的挤压和剪切作用下逐渐变形成厚度很小的剪切层，图 2 - 5 中所示的剪切角 φ 为剪切层与切削速度

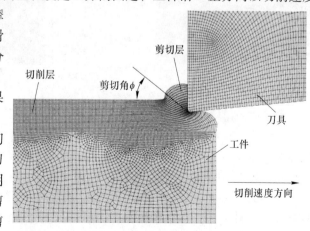

图 2 - 5　剪切层形态变化

方向之间的夹角。从碰刀、切入、切屑成形到最后生成稳定切屑的过程如图 2-6 ~ 图 2-9 所示。

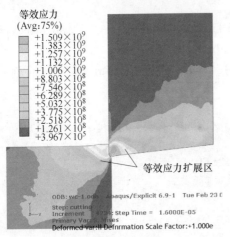

图 2-6 开始碰刀

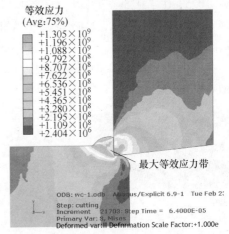

图 2-7 刀具切入

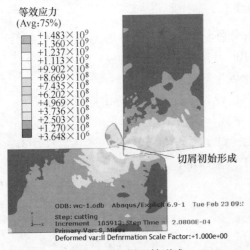

图 2-8 切屑开始形成

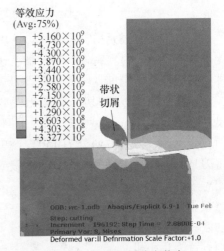

图 2-9 带状切屑稳定状态

（2）切削温度。硬质合金刀具切削 45 钢仿真得到的工件温度分布云图如图 2-10 所示。选择切削速度 $v_c = 1000\mathrm{m/min}$，进给量 $f = 0.5\mathrm{mm/r}$，切削深度 $a_p = 2\mathrm{mm}$，这里假设刀具是刚性体，不显示温度分布。切削过程中的温度场分布情况可以分成图 2-10 所示的四个阶段。

第一阶段（见图 2-10(a)），切削初始阶段。刀具刚切入工件，剪切区金属材料的大塑性变形功产生了较高的切削热，主要分布在第一变形区。

第二阶段（见图 2-10(b)），切屑形成阶段。切削热向内传递，分布区域转

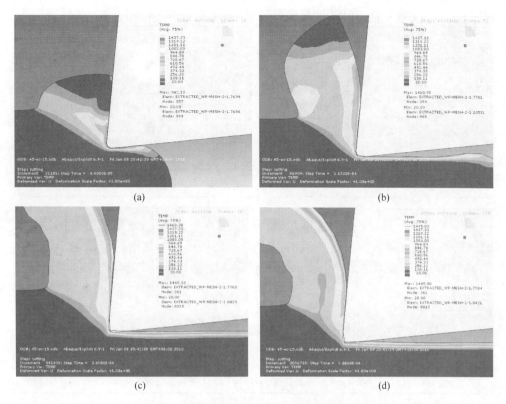

图 2 - 10　切削过程中温度场四个阶段的分布云图

(a) $t = 0.048\text{ms}$；(b) $t = 0.1152\text{ms}$；

(c) $t = 0.2608\text{ms}$；(d) $t = 0.368\text{ms}$

移到第二变形区，由于刀具前刀面与切屑间的强烈摩擦及切屑的变形产生了大量热量，靠近刀具前刀面位置的切屑上形成了切削热集中区域，刀-屑接触区以外部分的温度相对较低。

第三阶段（见图 2 - 10(c)），切屑进一步形成阶段。已加工表面与刀具后刀面发生了剧烈的摩擦，大量的切削热扩展到第三变形区靠近刀处。

第四阶段（见图 2 - 10(d)），切屑稳定阶段。随着切削的继续进行，切削热沿前刀面与后刀面逐渐扩展。刀-屑接触面间的切削热来不及扩散而残留在切屑和已加工表面上，其中第二变形区残留的切削热随切屑的断裂而消失，第三变形区已加工表面残留的切削热是产生残余应力的根本原因，是影响工件已加工表面质量的重要因素。

（3）切削力。表 2 - 3 列出了不同切削速度下切削力与温度的仿真数据结果。这里进给量取值 $f = 0.12\text{mm/r}$、背吃刀量取值 $a_\text{p} = 0.8\text{mm}$，切削速度 v_c 在 200 ~ 1000m/min 间变化。

表 2 - 3 不同切削速度下切削力和切削温度的仿真数据结果

进给量 $f/mm \cdot r^{-1}$	背吃刀量 a_p/mm	切削速度 $v_c/m \cdot min^{-1}$	主切削力 F_c/N	进给抗力 F_f/N	最高温度 $T/℃$
0.12	0.8	200	268.97	100.39	856.71
		400	280.48	135.64	1187.84
		600	275.14	120.44	1250.37
		800	277.45	120.37	1348.52
		1000	275.33	125.58	1292.45

从 ABAQUS 获取的信息能够知晓，切削温度和速率 v_c 是呈现出正相关关系的，当切削速度增大到一定程度时温度升高趋势渐缓，逐渐趋于稳定，甚至在 $v_c = 1000m/min$ 的时候出现不升反降的情况，这与 Salomon 的高速切削理论是吻合的。

B 铣削模型

a 铣削有限元实验设置

材料：镍基高温合金 GH4169，材料成分及物理属性见表 2 - 4 与表 2 - 5。

表 2 - 4 高温合金 GH4169 的化学元素含量 （%）

元素	Ni	Cr	Al	Ti	Fe	Nb
含量	30.0 ~ 55.0	17.0 ~ 21.0	0.2 ~ 0.6	0.65 ~ 1.15	15.0 ~ 21.0	4.75 ~ 5.5

表 2 - 5 高温合金 GH4169 材料物理属性

密度 $\rho/kg \cdot m^{-3}$		8250
弹性模量 E/GPa		220
泊松比 ν		0.3
比热容 $c_p/J \cdot kg^{-1} \cdot ℃^{-1}$		203
热导率 $\lambda/W \cdot m^{-1} \cdot ℃^{-1}$	293℃	12.47
	393℃	12.73
	493℃	13.04
	593℃	13.53
	693℃	13.97
	793℃	14.47
	893℃	15.05
非弹性热摩擦系数		0.9

	293℃	0.123×10^{-6}
线膨胀系数/K^{-1}	523℃	0.126×10^{-6}
	773℃	0.137×10^{-6}

铣削有限元实验设置见表 2－6。

表 2－6 铣削有限元实验设置

切削速度 v_c/m·min^{-1}	70	100	160	200	250
进给量 f/mm·r^{-1}	0.08		0.10		0.12
背吃刀量（轴向切深）a_p/mm	1	2	3	4	5
侧吃刀量（径向切深）a_e/mm	0.1	0.2	0.3	0.4	0.5
刀具前角 γ_0 /(°)	-5				
刀具后角 α_0 /(°)	6				
切削环境	20℃室温，干式铣削				

刀具选用 KC313 无涂层硬质合金刀具。这里选取影响铣削过程的四个主要因素：切削速度 v_c、进给量 f、轴向切深 a_p 和径向切深 a_e，对每一参数设定 5 个水平，具体见表 2－7。

表 2－7 实验因素与水平

水平	切削速度 v_c/m·min^{-1}	每齿进给量 f/mm·r^{-1}	轴向切深 a_p/mm	径向切深 a_e/mm
1	70	0.08	1	0.1
2	110	0.09	2	0.2
3	160	0.10	3	0.3
4	200	0.11	4	0.4
5	250	0.12	5	0.5

b　铣削有限元建模过程

与车削模型不同，铣削模型的建立要考虑加工过程中铣削厚度的不断变化。这里根据铣削加工特点，以逆铣为例，将模型（见图 2－11）简化为变厚度二维切削模型（见图 2－12）。假设切削厚度 a_p 远远超出了切削宽度 a_e 的数值，切屑持续生成，那么在与刀刃垂直的各个截面内沿刀刃方向的变形状态大致相同，这就是常说的平面应变状态，这样可将图 2－12 进一步简化为图 2－13 所示的变厚度二维切削模型。

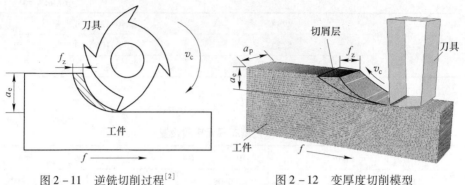

图 2 - 11 逆铣切削过程[2]   图 2 - 12 变厚度切削模型

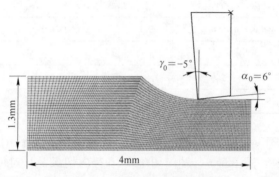

图 2 - 13 运用了 ALE 技术的变厚度二维切削有限元模型

工件被划分 4371 个节点，网格划分采用 CPE4RT（耦合温度 - 位移四边形）单元，采用 ALE 自适应网格技术以避免网格畸变的发生，刀具被定义为解析刚体，加快了计算速度。

可在 CAE 模块下进行失效临界值 D_f 设置，也可直接在 INPUT 文件中输入如下指令：

＊Damage Initiation，criterion = SHEAR

2.，0.，0.

＊Damage Evolution，type = DISPLACEMENT

4e - 06，

接触摩擦模型如图 2 - 14 所示。

这里将切削区初始网格设置为平行四边形、工件网格在刀具挤压下变形且可沿前刀面爬升。具体的网格划分情况如图 2 - 15 中的局部放大图所示。切屑部分采用长为 25μm、宽为 8μm 的平行四边形网格，有效前角 γ_0 设置为 - 5°，有效后角 α_0 设置为 0°。刀具刀尖部分采用特殊的反向圆角设计，假设圆角半径足够小，在不影响分析结果的前提下可使刀具为负前角的时候仿真顺利进行。切削速度在 70 ~ 250m/min 范围内变动。

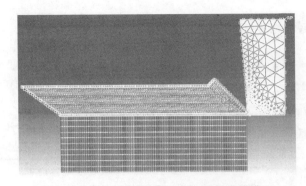

图 2-14　高温合金 GH4169 的接触摩擦模型

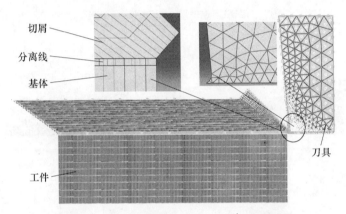

图 2-15　带分离线的热力耦合有限元切削模型

　　如果需要对切削加工机理进行深入分析，或当切削路径较长时，ALE 方法建立的分析模型难以承受大的变形。故书中借助具有分离线的 Lagrange 模型（见图2-15）。工件被分为未变形切屑、分离线以及基体零件三部分。这三者间借助节点连接成一个整体，注意要对特定面间的热传递指标、分离线部分材料剪切失效参数、刀具与未变形切屑面接触性质赋予定义。网格单边尺寸通常不大于 $10\mu m$，呈倾斜交叉状，在不同时刻的形态如图 2-16 所示。

　　c　仿真结果分析

　　（1）切屑形态仿真。影响切屑形态的核心要素是工件材料性质与切削参数，其中前者更为关键。在较大切削速度范围内，以铝合金、低碳钢为代表的低硬度且高热物理性能的工件材料易形成连续带状切屑；以钛合金、镍基超合金为代表的高硬度且低热物理特性的工件材料在切削过程中则更易产生锯齿形切屑。这里选择的工件材料是镍基高温合金 GH4169，实验与有限元仿真都将会出现锯齿形切屑。图 2-17 描述了锯齿状切屑的形成过程，材料 GH4169 在不同切削速度下的仿真与切屑微观形态如图 2-18 所示。

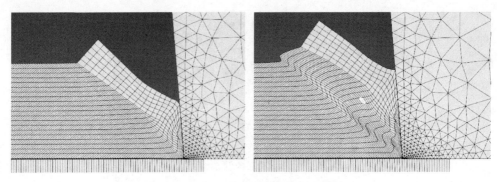

图 2-16 不同时刻网格形态示意图

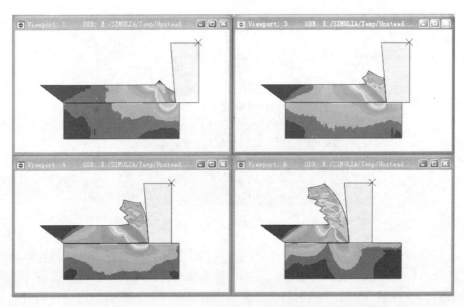

图 2-17 GH4169 材料锯齿状切屑的形成过程

$v=70\text{m/min}$ $v=100\text{m/min}$ $v=250\text{m/min}$

(a)

$v=70\text{m/min}$ $v=250\text{m/min}$

(b)

图 2 - 18   不同切削速度下 GH4169 的仿真与切屑微观形态照片

(a) 仿真模拟的锯齿状切屑；(b) 试验测试的锯齿状切屑

由图 2 - 18 可以看出，随着切削速度的提高，切屑的锯齿化程度越来越大，当切削速度 $v = 250\text{m/min}$ 时形成了明显的锯齿形切屑；而当切削速度小于 70m/min 时，切屑形态仍然基本是连续形带状切屑，锯齿形切屑不明显。从仿真图与试验切屑实物对比中可以看出，ABAQUS 较准确较形象地描述了不同切削用量下的切屑形态，仿真结果与实验结果基本相符。

（2）切削力分析。如图 2 - 19(a) 所示，在 0.0224ms 时刻，锯齿块 I 形成，绝热剪切带 I 也形成了，此时切削力处于切削力时域曲线的低谷，如图 2 - 20 所示。选取不同时刻的四个点：a、b、c、d，使图 2 - 19 与图 2 - 20 中的这 4 个时间点一一对应。从 0.0224ms 到 0.0292ms 是锯齿块 II 形成的最主要阶段，切削力的上升为锯齿块 II 成形及切屑沿着刀具前刀面攀爬提供足够大的剪切应力；从 0.0292ms 到 0.0348ms 是绝热剪切带 II 成形的最主要阶段，如图 2 - 20 中切削力曲线的 II 阶段，加工硬化与热软化效应基本平衡，切削力约为 625N。在图 2 - 20 中切削力曲线的 III 阶段，锯齿块 II 不再变形而绝热剪切继续发生，切削力持续下降，直到在 0.0367ms 时再次达到最小值。

（3）切削热分析。如图 2 - 21 所示为切削速度 $v_c = 150\text{m/min}$ 下的锯齿形切屑热分布云图。在图中标注了剪切区上的 7 个点 $P_1 \sim P_7$，通过这些点温度值变化来描述切削热的分布情况。点 P_2、P_3、P_4、P_5 分别位于自由表面、预测剪切区中央以及接近刀尖点的位置，点 P_1、P_6、P_7 分别位于 3 个已形成锯齿块的上表面，7 个点温度变化曲线如图 2 - 22 所示。

可以看出，时刻点 P_2、P_3、P_4、P_5 四个点的温度上升急剧，都超过了 700℃，而点 P_1、P_6、P_7 三个点的温度上升平缓，增幅只有 100 ~ 300℃。温度的上升发生在一个狭窄的带状区域（例如由点 P_2、P_3、P_4、P_5 四个点组成的狭长带内）。在 0.025 ~ 0.03ms 的短暂时间内热量上升剧烈，体现了明显的绝热剪切特征，从图

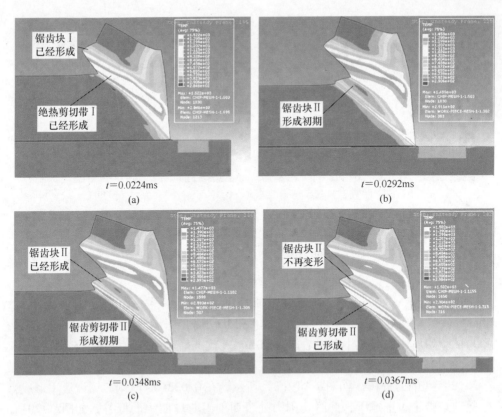

图 2-19　锯齿形切屑锯齿块和剪切带的变化云图

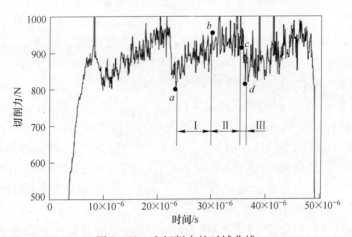

图 2-20　主切削力的时域曲线

2-22 中可看到,这种现象具有周期性,持续发生的热塑性失稳导致了锯齿形切屑的生成,仿真现象与锯齿形切屑形成机理一致。

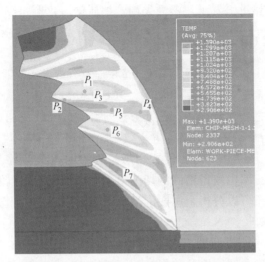

图 2 - 21　切削速度 $v_c = 150\text{m/min}$ 下锯齿形切屑的温度分布云图

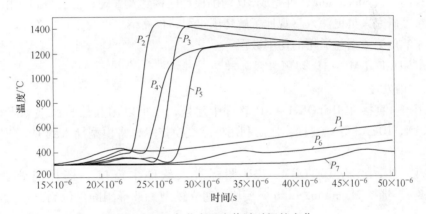

图 2 - 22　各节点温度值随时间的变化

切削温度随切削速度的变化规律如图 2 - 23 所示，其中三角形标注的是 ABAQUS 仿真值，小圆形标注的是试验值。可以看出，虽然存在一定的误差，但是两条曲线变化趋势相近，即随着切削速度的提高，切削温度都是单调升高的。当 $v_c > 150\text{m/min}$ 时，绝热剪切带高温导致的软化效应明显优于材料加工的硬化效应，而本实验中材料镍基高温合金具有较低的导热系数，

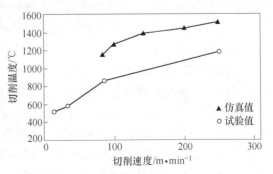

图 2 - 23　切削温度随切削速度的变化规律的仿真与试验对比

剪切带部位积聚的热量引发了热塑性失稳,切屑锯齿化形态逐渐明显。

2.1.2.2 DEFORM - 3D 切削有限元

DEFORM(Design Enviroment for Forming)软件是 1998 年美国 SFTC 公司正式推出的专门用于金属塑性成型的软件。DEFORM 软件被公认为国际上成型过程模拟最理想的软件之一,它采用有限元方法对金属成型以及加工过程进行模拟分析,可减少昂贵的试验成本,提高生产效率,降低生产成本,缩短产品开发周期。通过 DEFORM 软件,只需要设置切削过程中的刀具参数、冷却形式,并对切削用量进行定义,即可获得精确的切削力状态、切屑形态以及切削温度、刀具磨损等相关参数,还可以分析金属成形过程中多因素耦合作用下的大变形、热特性、三维流动状态等。

DEFORM - 3D 软件由前处理器、模拟处理器、后处理器 3 个部分组成,通常用来进行模型构建、解值以及数据处理等工作。软件当中含有专门用来进行切削计算的模块 Machining,可完成 3D 切削模型的构建及处理,仿真得到的相关数据可帮助研究人员更深入直观地了解切削过程,预测结果可为生产的顺利进行提供可靠的理论依据与适用的切削数据。

A DEFORM - 3D 切削有限元建模过程

a 前处理

用户可直接在 DEFORM - 3D 软件中建模,也可以用其他软件(如 Pro/E、PATRAN、IDEAS 等)建模,之后利用产品交换技术,将模型导入到 DEFORM - 3D 中。

第一步,点击 DEFORM - 3D 图标进入软件主窗口→选择前处理 Pre Processor→选择 Machining Cutting 模块,建立模型→选择国际单位制→输入工程名称。

第二步,在车削加工(Turning)、铣削加工(Milling)、镗削加工(Boring)、钻削加工(Drilling)等多种加工方式中进行选择。

第三步,进行切削用量设置,包括切削速度、切削深度、进给率等参数的设定,如图 2 - 24 所示。

第四步,对工作环境和接触面属性等进行设置,如图 2 - 25 所示。环境参数包括温度和切削液导热系数,刀具 - 工件接触面参数包括摩擦系数和热导率。

第五步,刀具选择。可从刀具库中直接选择,也可自行创建刀具模型,如图 2 - 26 所示。另外,还需要设置温度、累积刀具温度等参数。图 2 - 27 所示为选定刀具 DNMA432 后生成的刀具模型,图 2 - 28 所示为选择刀夹 DDJNR。

第六步,划分刀具网格。可选择绝对网格或相对网格,并设置网格数,图 2 - 29 为设置完成后生成的刀具网格。

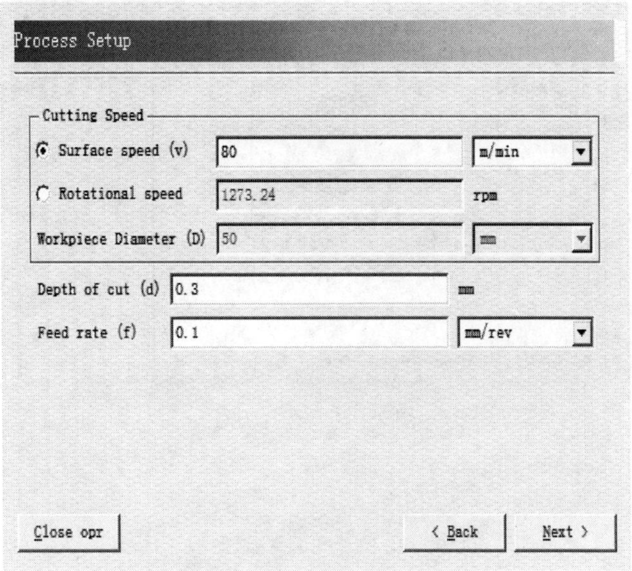

图 2 - 24　设置切削用量

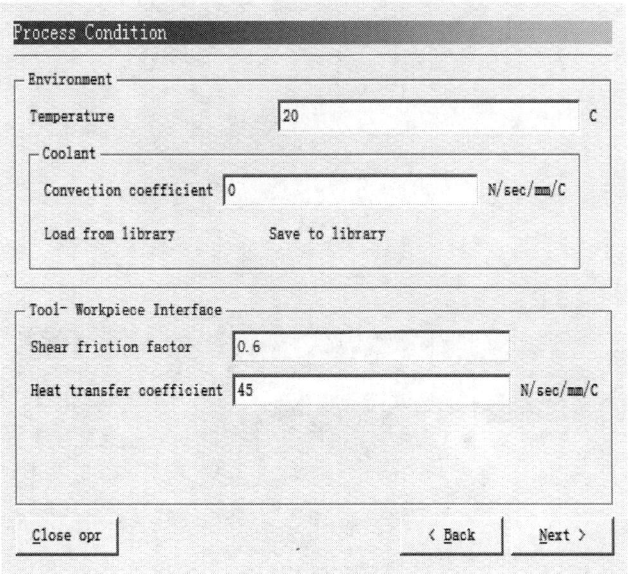

图 2 - 25　设置工作环境和接触面属性

第七步，创建工件及划分网格。设置工件属性，切削过程中工件属性一般选择为弹塑性材料，温度可选为环境温度；选择工件形状，可选择具有弯度抑或是平直的形式，一般选择平直形式；设定工件长度。设置完成后，生成工件如图 2 -30所示；工件网格划分过程同第六步，完成网格划分的工件如图 2 -31 所示。

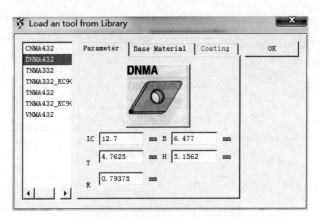

图 2 - 26 选择刀具

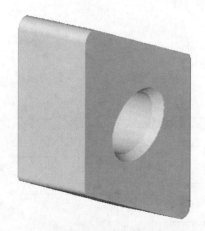

图 2 - 27 刀具生成

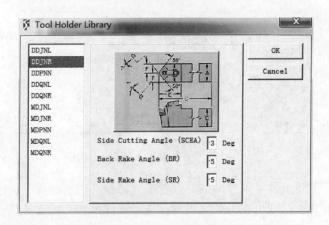

图 2 - 28 选择刀夹

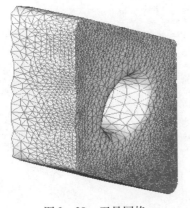

图 2 - 29　刀具网格

图 2 - 30　生成工件

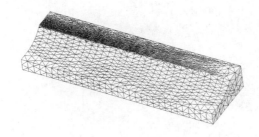

图 2 - 31　工件网格划分

第八步，工件材料定义。可以从数据库当中选定现有的材质，抑或是自行设定参数。

第九步，仿真控制选项卡设置。本步骤完成的工作包括：存储运算结果数据步数与数据间隔步数，设定刀具磨损量，检查设定结果并生成数据库。

b　刀具特性分析设置

对刀具进行特性分析设置，完成如下工作。

第一步，在前处理 Pre Processor 中选择 Die Stress Analysis，选取新生成的.db 文件，选择要进行分析的步数。

第二步，选定刀具为分析对象，不包含其他模具组件，并对相关切削参数进行设定。

第三步，划分刀具网格。可在库中选择已经划好的网格，或者依照需求重新划定。

第四步，设定接触容差与约束面，如图 2 - 32 与图 2 - 33 所示。约束面一般可设置为 $X + Y + Z$，它在现实中是固定的。

第五步，选择刀具材料。这里选择刀具材料为含钴 15% 的硬质合金。

第六步，设置模拟控制参数，包括模拟步数、数据间隔步数、每步仿真最大

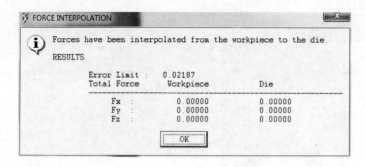

图 2-32 DEFORM-3D 刀具接触容差设定

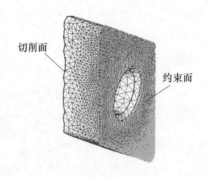

图 2-33 DEFORM-3D 刀具约束面设定

耗时量等参数。检测无误后,进入模拟计算阶段。

c 有限元模拟仿真及后处理

提交仿真方案进行有限元模拟,在交互形式下观察仿真运行过程。Running 表示有限元模拟正在运行,而 Remeshing 则代表正在进行网格重新划定。在 Message 和 log 标签中可查看运行过程中的每一步时间起止、节点、接触等情况。

仿真过程中的有限元网格、速度场、温度场、压力行程曲线、等效应力、应变以及破坏程度等高线和等色图等模拟结果可通过后处理器获取。这些结果可随时提供给用户,以便跟踪观察每个点的应力、应变、轨迹和破坏程度,提取相关数据。运行中点击主窗口右侧 Post Processor 选项下的 DEFORM-3D Post,可随时进入后处理界面,查看仿真效果是否满足用户要求,用户可根据需要实时控制仿真的进行。

B 实例——车削模型建立

a 实验设置

材料:镍基高温合金 Inconel 718,表 2-8 和表 2-9 为材料的化学成分和物理力学性能。

表 2 - 8　Inconel718 成分　（%）

元素	Ni	Cr	Fe	Ti	Al	Co	Si	Mn	C	S	P
含量	53.37	18.37	17.8	0.98	0.50	0.23	0.08	0.08	0.04	0.002	<0.015

表 2 - 9　Inconel718 物理力学性能

力学性能	屈服应力/MPa	密度/kg·m⁻³	弹性模量/GPa	拉伸应力/MPa	热传导率/W·(m·K)⁻¹	基本显微硬度 HV
参数	1110	8470	206	1310	11.2	264.72

b　车削有限元模型建立

根据实验要求，合理地划分网格与设置模拟参数是有限元模型建立的基础。这里有限元网格划分情况及模拟参数设置情况见表 2 - 10 和表 2 - 11。

表 2 - 10　网格划分

工件网格	刀具网格	最小网格尺寸/mm
40000	30000	0.02

表 2 - 11　有限元仿真参数设置

工件材料	工件长度/mm	刀具	刀夹	刀具材料
Inconel718	5	DNMA432	DDJNR	硬质合金
刀尖圆弧半径/mm	前角/(°)	后角/(°)	摩擦系数	环境温度/℃
1.2	5	10	0.5	20

结合前述 DEFORM - 3D 切削有限元建模过程，建立的三维车削有限元模型如图 2 - 34 所示。

图 2 - 34　DEFORM - 3D 的三维车削有限元模型

c 仿真结果分析

（1）温度场分析。切削加工过程中的热量分布、温度高低直接影响着刀具的性能与使用寿命，对切削精度与加工效率的影响也是不容忽视的。因此，若想对切削机理进行深入研究，必须获取切削过程中的温度，而切削温度尤其是其精确值很难获得。切削温度场有限元仿真可以为深入研究切削机理提供理论基础，在切削有限元研究领域中的作用显得尤为突出。

选取切削速度 $v = 80\text{m/min}$，进给量 $f = 0.1\text{mm/r}$，切削深度 $a_p = 0.3\text{mm}$，DE-FORM -3D 车削镍基高温合金 Inconel718 有限元温度分布仿真如图 2 - 35 和图 2 - 36 所示。

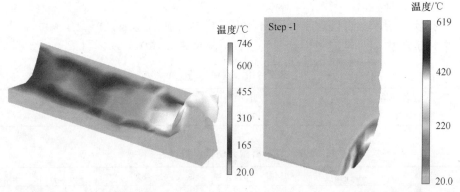

图 2 - 35　工件上的温度分布　　　　图 2 - 36　刀具上的温度分布

从图 2 - 35 与图 2 - 36 可以看出，工件的最高温度出现在切屑区，由于热量散失的原因，工件上已加工表面上的温度距离切削刃越远值越低。镍基合金 Inconel718 的导热性比刀具材料的导热性差，工件的最高温度比刀具的最高温度高：工件的最高温度 746℃ 出现在切屑区，刀具的最高温度为 619℃；切削进行时，在刀 - 屑接触面由于摩擦等作用聚积了大量热量，致使刀 - 屑接触面温度急剧上升，再加上热量散失的原因，刀具上的温度呈梯度变化，距离切削刃越远处温度越低。

为了测定切削中热量传递的过程，本次模拟设置了 6000 步运算步数，每 25 步存储一次。这里选取第 1500 步、3000 步、4500 步和 6000 步 4 个分析步，仿真结果如图 2 - 37 所示。

切削进行过程中，当有限元仿真到第 1500 分析步时，切削温度较低，只有 694℃，切削继续进行，热量不断累积，切削温度随之上升，到了第 4500 步时温度达到峰值。当有限元仿真进行到第 6000 分析步时，切削过程结束，此时不仅不会再有新的热量产生，而且原有热量也开始散失，温度随之下降。可见，有限元仿真结果与实际切削过程是一致的。

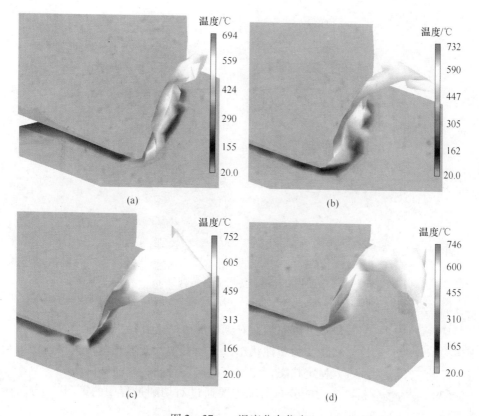

图 2-37 温度分布仿真

(a) 分析步一 (1500)；(b) 分析步二 (3000)；(c) 分析步三 (4500)；(d) 分析步四 (6000)

（2）切屑形态仿真。选取车削有限元仿真过程中的第 250 步、500 步、750 步和 1000 步来进行研究，如图 2-38(a) ～(d) 所示。

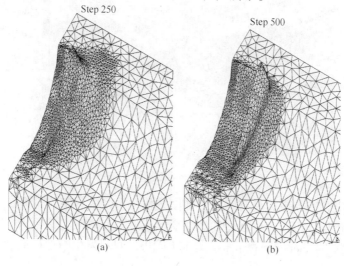

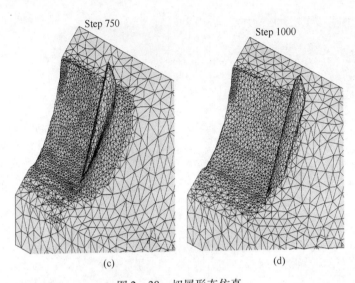

图 2 - 38　切屑形态仿真

(a) 分析步一 (250)；(b) 分析步二 (500)；(c) 分析步三 (750)；(d) 分析步四 (1000)

　　从选取的这 4 个分析步可以完整地看到切屑由产生到稳态的整个过程。刀具刚切入工件时，工件材料转变为塑性状态，且随着塑性变形逐渐增大，剪切带与切屑开始产生，切削进入稳定状态，切屑开始向后卷曲，并向外流动。

　　(3) 应力场分析。应力的分布情况主要通过对切削过程中的第 3000 分析步来进行，如图 2 - 39 所示。

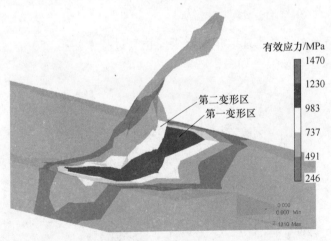

图 2 - 39　有效应力分布

　　可以看出，有效应力具有明显的梯度变化，呈带状分布，材料在第一变形区受到刀具的挤推作用，产生强烈的塑性变形，最大有效应力达到 1310MPa，这个值超过了材料 Inconel 718 的屈服应力 1110MPa，材料发生断裂形成切屑；而在第二变形区，有效应力值大约为1000MPa，明显小于第一变形区有效应力。

2.1.2.3 AdvantEdge FEM 切削有限元

AdvantEdge FEM 软件是美国 Third Wave Systerm 公司出品的一种基于材料物性的有限元金属切削仿真软件，该软件功能强大。通过该软件用户可以对加工参数和刀具配置等实现准确定义，并可离线仿真，降低了生产成本，缩短了制造周期。该有限元软件主要包括三个组成部分，即用于设置各类参数的模拟创建组件、用于求解计算的 AdvantEdge 引擎以及用于用户提取结果的显示组件。

A 切削有限元建模过程

切削有限元模型可直接在 AdvantEdge FEM 软件中建立，也可利用产品交换技术将其他建模软件中的模型导入该软件中，具体建模过程如下。

第一步，创建项目，输入项目名称，选择加工类型。可在 2D 切削或 3D 切削的车削、铣削等方式中进行选择。其中 2D 切削还可选择车削（包括微加工）、顺铣、逆铣、锯削和拉削等切削方式，3D 切削可选择车削、铣削、钻削、攻丝、开槽或镗削等。

第二步，设置工件参数，如图 2-40 所示。

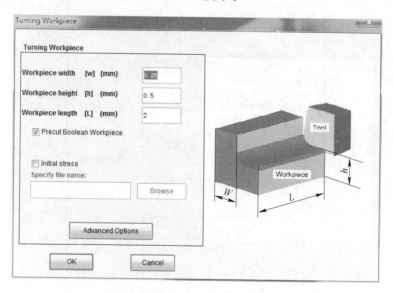

图 2-40 设置工件参数

第三步，设置刀具参数，如图 2-41 所示。可选择不同字母代号所代表的形状、角度等，如 C 类表示菱形 80°车刀。用户可以为刀具添加涂层，如图 2-42 所示，可定义层数、涂层材料和厚度。涂层最多可添加三层，材料可从库中的 TiN、Al_2O_3、TiC 和 TiAlN 中选择。如欲研究刀具磨损，还可设置刀具磨损模型。

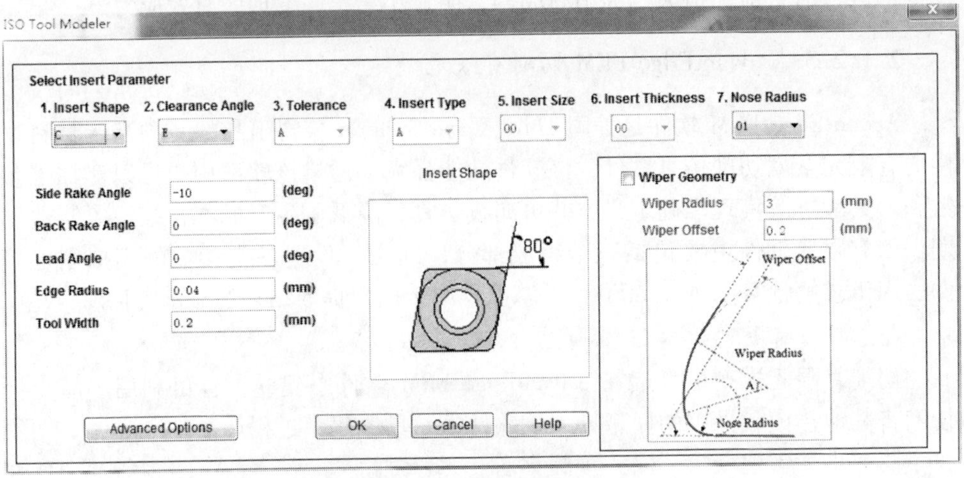

图 2 - 41 设置刀具参数

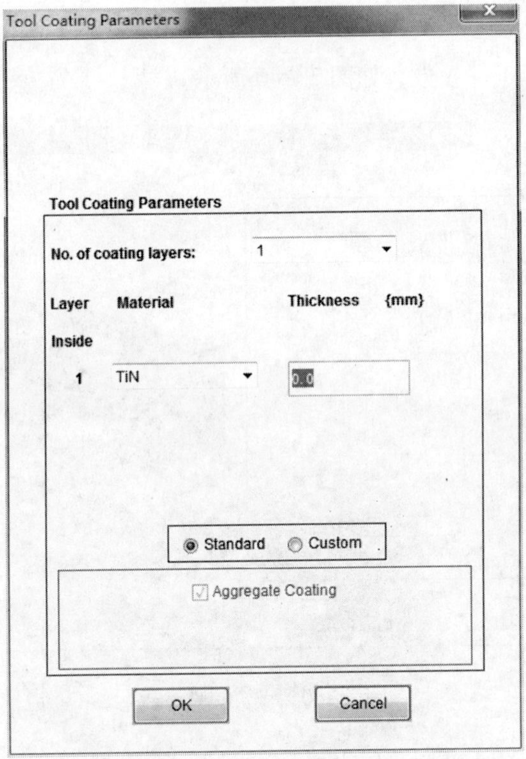

图 2 - 42 涂层设置

第四步，工艺参数设置。如图 2 - 43 所示，用户可以对各工艺参数进行设置，如进给量 f、切削速度 v、切削深度 a_{p}、初始温度等，可对摩擦系数进行设置。另外，还可进行冷却液参数设置，根据冷却剂类型来确定传热系数 h，设置冷却液初始温度与冷却区域，如图 2 - 44 所示，还可切换至毛刺模式进行毛刺模拟，使切屑分离后毛刺仍存在于工件表面上。

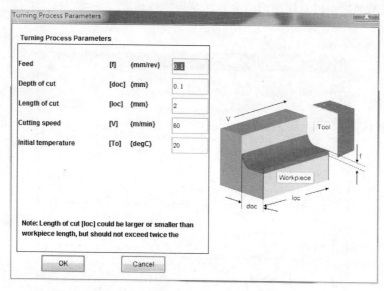

图 2 - 43　AdvantEdge FEM 工艺参数设置

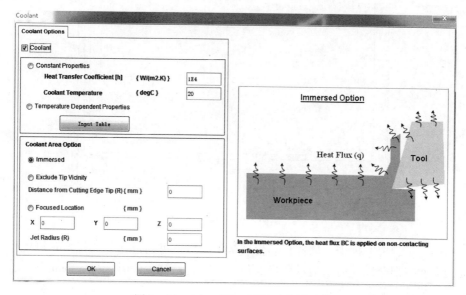

图 2 - 44　AdvantEdge FEM 冷却液建模

第五步，设置仿真选项。可分别设置仿真选项下的四个选项卡：常规、工件网格划分、结果和并行。常规选项卡设置如图 2 - 45 所示，可完成仿真模式选择、刀体建模、残余应力与稳态分析等工作。工件网格划分选项卡设置如图 2-46所示，用户可设置工件网格划分参数，这些参数的正确设置直接影响仿真的性能与精度；在结果选项卡下，用户可以等高线图形式查看仿真结果，并可查看某一时刻的输出以及切削力信息；如激活并行功能，能够在很大程度上提升仿真的效率。

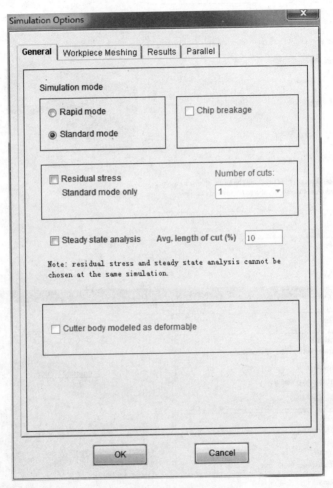

图 2-45 常规选项卡设置

第六步，提交模拟。软件自动生成初始网格，可通过任务监视器观测工作进度，当网格划分完成后，提示用户准备进行仿真计算，此时选择 Submit Now，即进入模拟计算阶段。

B 实例-车削模型建立

a 实验设置

材料：选用钛合金 Ti-6Al-4V，其成分与物性参数见表 2-12 与表 2-13。

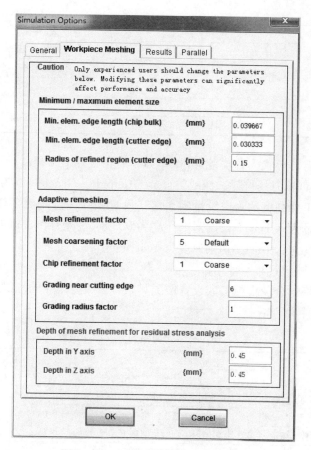

图 2-46 工件网格划分选项卡设置

表 2-12 钛合金 Ti-6Al-4V 的化学成分 （%）

元素	Al	V	Fe	Si	C	N	H	O	Ti
含量	6.2	4	0.3	0.15	0.1	0.05	0.015	0.2	余量

表 2-13 钛合金 Ti-6Al-4V 的物理力学性能

力学性能	拉伸强度/MPa	弹性模量/GPa	屈服强度/MPa	硬度 HB	伸长率/%
参数	910	118	825	313	10

选取切削速度 v、切削深度 a_p、进给量 f、刀具前角 γ_0、刀具主偏角 k_r 以及刀尖圆弧半径 r_ε 因素，制定了六因素五水平的正交实验方案，见表 2-14。

表 2-14 正交实验设置

因素水平		一	二	三	四	五
A	$v/\text{m} \cdot \text{min}^{-1}$	60	80	120	150	250

因素水平		一	二	三	四	五
B	$f/\text{mm} \cdot \text{r}^{-1}$	0.1	0.15	0.2	0.3	0.5
C	a_p/mm	0.1	0.3	0.4	0.6	1
D	$\gamma_0/(°)$	-10	0	5	15	20
E	$k_r/(°)$	10	35	60	72.5	90
F	r_ε/mm	0.1	0.4	0.8	1.2	1.6

这里设置刀具形状为 C 类菱形 80° 车刀, 后角选择 E(20°), 刀尖圆弧半径选择为 01(0.1mm), 刀具材料选择硬质合金 (Carbide - General)。为了缩短模拟计算时间, 设置工件高度约为进给量的 5 倍, 设置工件高度约为工件宽度的 2 倍。这里设置进给量为 0.1mm/r, 设置工件高为 0.5mm、宽为 0.25mm、切削长度为 2mm、切削深度为 0.1mm、切削速度为 60m/min、初始温度为 20℃。

    b 有限元建模过程

有限元网格划分及模拟参数设置情况见表 2 - 15。建立的三维车削有限元模型如图 2 - 47 所示。

表 2 - 15 有限元网格划分及参数设置

有限元网格划分				自适应网格重画控制系数	
刀具网格划分		工件网格划分		粗化系数	细化系数
最大刀具网格单元尺寸/mm	0.1	非切削区最小网格单元尺寸/mm	0.04	5	1
最小刀具网格单元尺寸/mm	0.02	切削区最小网格单元尺寸/mm	0.03		
网格划分等级参数 G/mm	0.5	切削刃接触细化网格单元尺寸/mm	0.15		
模拟参数设置					
工件材料	工件长度/mm	刀具材料	刃倾角/(°)	后角/(°)	摩擦系数	环境温度/℃

工件材料	工件长度/mm	刀具材料	刃倾角/(°)	后角/(°)	摩擦系数	环境温度/℃
Ti - 6Al - 4V	2	硬质合金	0	20	0.5	20

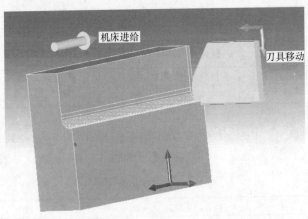

图 2 - 47 AdvantEdge FEM 三维车削有限元模型

c 有限元仿真结果分析

（1）切削温度分析。根据有限元仿真结果汇总，正交有限元实验中不同切削条件下刀－屑接触区及刀具最高温度的试验数据见表2－16。

表2－16 切削温度正交实验结果

A 切削速度 $v/m \cdot min^{-1}$	B 进给量 f_z/mm	C 切削深度 a_p/mm	D 前角 $\gamma_0/(°)$	E 主偏角 $k_r/(°)$	F 刃口半径 r_ε/mm	刀－屑接触区温度 $\theta/℃$	刀具最高温度 $\theta_T/℃$
1	1	1	1	1	1	676	602
1	2	2	2	2	2	701	632
1	3	3	3	3	3	721	599
1	4	4	4	4	4	675	604
1	5	5	5	5	5	774	703
2	1	2	3	4	5	713	641
2	2	3	4	5	1	744	671
2	3	4	5	1	2	734	662
2	4	5	1	2	3	748	670
2	5	1	2	3	4	687	614
3	1	3	5	2	4	822	747
3	2	4	1	1	5	848	772
3	3	5	2	4	1	911	840
3	4	1	3	5	2	901	829
3	5	2	4	1	3	878	802
4	1	4	2	5	3	819	741
4	2	5	3	1	4	827	751
4	3	1	4	2	5	915	842
4	4	2	5	3	1	931	857
4	5	3	1	4	2	938	862
5	1	5	4	3	2	881	810
5	2	1	5	4	3	878	801
5	3	2	1	5	4	869	794
5	4	3	2	1	5	902	830
5	5	4	3	2	1	1053	982

经过极差分析计算，可得到最优方案（见表 2 - 17）。可以看出，切削速度是对刀 - 屑接触区温度影响最大的因素，其次是进给量，其他四因素影响相对较小；使用硬质合金刀具车削钛合金 Ti - 6Al - 4V 时，采用小切削速度、小进给量、适当的切削深度和刀具几何角度可以得到较小的刀 - 屑接触区温度，取得良好的切削效果；使刀 - 屑接触区温度最低的最佳切削用量方案为：切削速度 60m/min、进给量 0.1mm/r、切削深度 0.1mm、前角 5°、主偏角 10°、刀尖圆弧半径 1.2mm。按照 A1B1C1D3E1F4 做车削试验，试验结果显示刀 - 屑接触区温度 667℃，与有限元仿真结果相近，可确定 A1B1C1D3E1F4 是最佳方案。

表 2 - 17 极差分析

刀 - 屑接触区温度极差分析							
因素	A	B	C	D	E	F	
1	709	782	811	816	803	843	
2	725	800	818	804	808	831	
3	872	830	825	783	814	809	最优方案 A1B4C4D4E4F4
4	886	831	826	819	823	807	
5	917	866	828	828	821	830	
极差	207	84	17	45	20	36	
最优选择	A1	B1	C1	D3	E1	F4	

刀具最高温度极差分析							
因素	A	B	C	D	E	F	
1	628	708	738	740	719	757	
2	652	725	745	731	722	759	
3	798	747	742	702	730	743	最优方案 A1B3C3D3E3F3
4	811	758	752	746	750	744	
5	843	793	755	754	748	758	
极差	215	84	17	52	31	16	
最优选择	A1	B1	C1	D3	E1	F3	

由表 2 - 17 还可以看出，切削速度也是对刀具温度影响最大的因素，进给量其次，其他四因素影响相对较小；采用小切削速度、小进给量、适当的切削深度和刀具几何角度可获得良好的切削效果，刀具最高温度最低时的最佳方案如下：切削速度 60m/min、进给量 0.1mm/r、切削深度 0.1mm、前角 5°、主偏角 10°、刀尖圆弧半径 0.8mm。按照此方案再做一次车削试验，试验结果显示刀具最高温度为 579℃，与有限元仿真结果相近，可确定此方案为最佳方案。

（2）切削力分析。表 2 - 18 为正交实验获得的切削力数据，进给力出现负值是力的方向导致的。极差分析数据和最优方案见表 2－19，当进给力出现负值时可取其绝对值进行计算。

表 2－18　不同切削条件下的实验切削力

A 切削速度 v/m·min^{-1}	B 进给量 f/mm·r^{-1}	C 切削深度 a_p/mm	D 前角 γ_0/(°)	E 主偏角 k_r/(°)	F 刀具圆弧半径 r_ε/mm	进给力 F_f/N	切深抗力 F_p/N	主切削力 F_c/N	切削合力 F_r/N
1	1	1	1	1	1	61	34	241	251
1	2	2	2	2	2	72	120	210	252
1	3	3	3	3	3	136	189	298	378
1	4	4	4	4	4	－138	250	502	578
1	5	5	5	5	5	－288	327	787	787
2	1	2	3	4	5	45	103	147	185
2	2	3	4	5	1	67	56	292	305
2	3	4	5	1	2	48	136	333	363
2	4	5	1	2	3	362	300	712	853
2	5	1	2	3	4	116	221	333	416
3	1	3	5	2	4	17	134	171	218
3	2	4	1	3	5	185	251	433	534
3	3	5	2	4	1	236	149	515	586
3	4	1	3	5	2	69	97	169	207
3	5	2	4	1	3	－98	207	477	529
4	1	4	2	5	3	102	132	347	385
4	2	5	3	1	4	169	249	437	531
4	3	1	4	2	5	－27	134	147	201
4	4	2	5	3	1	－32	41	191	198
4	5	3	1	4	2	179	186	453	521
5	1	5	4	3	2	100	70	197	232
5	2	1	5	4	3	－15	51	107	199
5	3	2	1	5	4	100	137	239	293
5	4	3	2	1	5	80	250	409	486
5	5	4	3	2	1	－79	120	507	527

表 2 - 19 极差分析与方案推荐

切削合力 F_r 实验数据的极差分析及最优方案

因素	A	B	C	D	E	F	
均值1	472	278	239	490	432	373	
均值2	448	348	315	425	410	385	切削合力六因素
均值3	415	364	382	389	352	453	各水平的平均值
均值4	367	464	477	369	421	467	
均值5	331	579	620	360	418	485	
极差	141	301	381	130	80	112	表中最好方案是
最优方案	A5	B1	C1	D5	E3	F5	A2B1C2D3E4F5

进给力 F_f 实验数据的极差分析及最优方案

因素	A	B	C	D	E	F	
均值1	139	65	58	177	91	125	
均值2	128	102	69	121	111	119	进给力六因素
均值3	121	109	96	100	114	111	各水平的平均值
均值4	102	136	110	86	123	108	
均值5	75	152	231	80	125	95	
极差	64	87	173	97	34	30	表中最好方案是
最优方案	A5	B1	C1	D5	E1	F5	A5B2C1D5E4F3

切深抗力 F_p 实验数据的极差分析及最优方案

因素	A	B	C	D	E	F	
均值1	184	111	107	182	175	80	
均值2	179	145	122	174	162	96	切深抗力六因素
均值3	168	149	163	152	154	108	各水平的平均值
均值4	148	188	178	143	152	118	
均值5	126	212	219	138	150	120	
极差	58	102	112	44	25	40	表中最好方案是
最优方案	A5	B1	C1	D5	E5	F1	A1B1C1D1E1F1

主切削力 F_c 实验数据的极差分析及最优方案

因素	A	B	C	D	E	F	
均值1	408	221	199	416	379	349	
均值2	363	296	253	363	349	327	主切削力六因素
均值3	353	306	325	330	290	305	各水平的平均值
均值4	315	397	424	323	344	336	
均值5	292	511	530	318	367	385	
极差	116	291	330	98	89	80	表中最好方案是
最优方案	A5	B1	C1	D5	E3	F3	A5B2C1D5E4F3

由表 2－19 可知，切削深度是对切削合力影响最大的因素，其次是进给量、切削速度和前角，主偏角和刀尖圆弧半径的影响相对较小。从极差分析结果可知，用硬质合金刀具车削钛合金 Ti－6Al－4V 时，采用小切削深度、小进给量、适当切削速度和适当的刀具几何角度可以获得较小切削力，此时的切削效果最佳。经过分析计算得到最佳方案：切削速度取 80m/min，进给量取 0.1mm/r，切削深度取 0.3mm，前角取 5°，主偏角取 72.5°，刀尖圆弧半径取 1.6mm。按照此方案做车削试验，试验结果显示与有限元仿真结果相近，确定此方案为最佳方案。

2.1.3 有限元仿真与试验误差分析

本书以 ABAQUS 和 DEFORM－3D 为例，汇总主切削力、切深抗力、切削温度与试验相对误差进行分析，见表 2－20。

表 2－20 有限元仿真与试验相对误差分析 （%）

项　目		切削速度/m·min⁻¹					平均误差
		200	400	600	800	1000	
主切削力	ABAQUS	3.5	9.37	8.33	6.67	3.44	6.262
	DEFORM－3D	7.14	12.5	15	18.33	5.17	11.628
切深抗力	ABAQUS	36.67	33.33	35.71	34.14	30	33.97
	DEFORM－3D	64.51	42.85	57.14	48.78	50	52.656
切削温度	ABAQUS	2.5	4.61	18.98	10.67	12.16	9.784
	DEFORM－3D	2.5	33.84	31.64	4	33.78	21.152

从表 2－20 中可以看出，模拟值与试验值之间存在一定误差，对这两种有限元软件仿真结果误差进行比较，发现 ABAQUS 软件的误差较 DEFORM－3D 软件小，这可能是因为 ABAQUS 软件是通用有限元软件，自带强大的建模功能，可以自定义模型参数，可按照需求建立带有圆弧过渡的模型；而 DEFORM－3D 软件环境下建模是采用从软件自带的材料库中直接调用的方法，无法兼顾到建模过程中的细微特征。总结有限元仿真结果与切削试验值之间存在误差的主要原因如下：

（1）为了节省计算时间，往往要将有限元模型进行简化，如假设刀具为绝对锋利的刚体，不发生弹性变形，与实际切削过程不相符合，刀具会在切削中产生不同程度的磨损；

（2）有限元迭代过程中不可避免地会产生一定的计算误差；

（3）人为因素及偶然因素都会造成有限元仿真与实际切削数据的误差，如试验过程中操作人员技术的熟练程度等。

根据汇总误差表中对误差计算分析统计，这两种有限元软件对主切削力和切削温度的误差值基本都能控制在 10% 左右，在容许的范围之内，因此有限元模拟结果是可以接受的。

2.2 切削过程解析模型

解析法是以刀 - 屑区和剪切区为研究对象，应用剪切滑移理论，以 Merchant 最小能量原理和 Krystof 最大剪应力原理为基础，考虑影响切削性能主要因素，建立切削过程力学模型的一种建模方法。这是一种从力学、几何等角度建立起来的切削模型，既可充分反映切削过程，又可以解释切削过程中的很多现象。

解析建模法一般可采用直角切削模型或斜角切削模型来建立其基本几何模型，其中直角切削模型是最常用的一种解析模型。M. E. Merchant、M. C. Shaw 及 P. L. B. Oxley 等国内外学者们都曾建立各自的直角切削模型来研究切削机理。为了简化模型，减少计算，解析模型做了很多的假设，如假设刀刃绝对锋利，切削过程中没有积屑瘤产生，忽略刀具磨损等。切削过程解析模型的建立可从切屑形态入手，通过切屑形态转变过程来分析切削过程中的应力、应变、摩擦力及切削力等规律。

2.2.1 解析模型的建立

立铣铣削作为一种典型的铣削加工方式被广泛应用于航空航天、汽车、纺织等各个行业领域。近年来，国内外专家们对铣削力进行了深入广泛地研究，在铣削加工参数优化及刀夹量具设计计算等方面作出了很大的贡献[3]。Smith 和 Tlusty 建立了基于理论假设和试验观察的切削力模型；Yang 等人在正交局部铣削力模型基础上建立了整体铣削力模型；Montgomery 等人研究了基于机床 - 工件的动态铣削力模型。铣削加工过程中，铣刀形状和铣削加工参数对零件的表面加工质量有着重要影响。这里以圆柱立铣刀作为研究对象，假设刀具分布方式为均匀分布，每个铣刀刀齿均为一个单齿刀具，综合考虑了铣削力影响因素，在刀刃微元基础上建立了圆柱立铣铣削力模型，将微元铣削力沿着参与铣削加工的铣刀刀刃进行积分，得到铣刀刀刃上的铣削力，之后进行累加得到整体铣削力，对铣削力系数进行建模，得到完整的立铣静态铣削力模型。

圆柱立铣铣刀加工模拟示意图如图 2 - 48 所示。在图 2 - 48(a) 中，刀具以一定的背吃刀量 a_p 切入工件，同时绕自身中心轴线高速旋转；在图 2 - 48(b) 中，刀具与工件以每齿进给量 f、切削宽度 a_e 做相对运动。

在 Tlusty 提出的二维正交切削基本铣削力模型基础上，建立三维立体空间的改进模型，其表达式见式（2 - 3）：

$$dF_t = K_{tc}h_D dz + K_{te}ds$$

$$dF_r = K_{rc}h_D dz + K_{re} ds$$

$$dF_a = K_{ac}h_D dz + K_{ae} ds \tag{2-3}$$

式中，h_D 为某时刻的瞬时铣削厚度；dF_t 为某时刻法平面参考系下参与铣削加工的切向力微元；dF_r 为某时刻法平面参考系下参与铣削加工的径向力微元；dF_a 为某时刻法平面参考系下参与铣削加工的轴向力微元；dz 为某时刻的轴向切深微元；ds 为参与铣削的铣刀刀刃微元；K_{tc} 为微元方程的切向力系数；K_{rc} 为微元方程的径向力系数；K_{ac} 为微元方程的轴向力系数；K_{te} 为微元方程的铣刀刃口切向力系数；K_{re} 为微元方程的铣刀刃口径向刃口力系数；K_{ae} 为微元方程的铣刀刃口轴向刃口力系数。

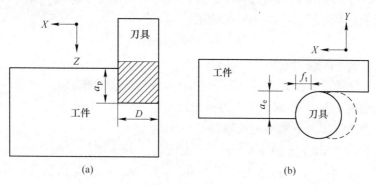

图 2-48 立铣加工模拟示意图

（a）侧视图；（b）主视图

在 XYZ 三维空间中，将圆柱立铣刀底平面置于 XOY 平面中，铣刀中心轴线与 Z 轴方向重合，如图 2-49 和图 2-50 所示。沿轴线方向将参与铣削的铣刀刀刃进行均匀分割，形成 M 个微元。可见，铣削进行时，低端刀刃先于上端刀刃接

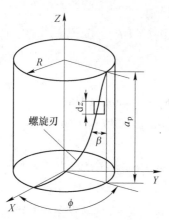

图 2-49 圆柱立铣铣刀铣削力微元

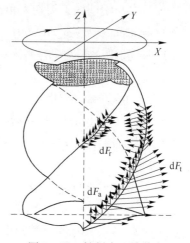

图 2-50 铣削力三维分布

触工件，铣刀螺旋角 β 在其中起着重要的作用。刀齿 j 上的第 l 个刀刃微元与工件的切削角 ϕ_{jl} 可表示为：

$$\phi_{jl} = \phi_{10} + (j-1)\phi_{\mathrm{p}} + a_{\mathrm{p}}l\tan\beta/(MR) \tag{2-4}$$

式中，ϕ_{10} 为参与铣削的第一条刀刃低端刃点的角位移，且存在关系 $\phi_{10} = -\omega t_{\mathrm{ime}}$；$\phi_{\mathrm{p}}$ 为铣刀齿间角；β 为铣刀螺旋角；R 为铣刀半径；a_{p} 为轴向背吃刀量。

在铣刀刀刃均匀分布情况下，铣刀齿间角 ϕ_{p} 可表示为：

$$\phi_{\mathrm{p}} = 2\pi/N \tag{2-5}$$

式中，N 为铣刀齿数。

式 (2-4) 中的铣刀刀刃与工件接触的切削角决定了瞬时切削厚度的大小，它们之间的关系可用式 (2-6) 来表示：

$$h_{\mathrm{D}}(\phi_{jl}) = f_{\mathrm{z}}\sin\phi_{jl} \tag{2-6}$$

式中，f_{z} 表示每齿铣削进给量，mm。

为了方便数学分析，将式 (2-3) 中的参与铣削的铣刀刀刃微元 $\mathrm{d}s$ 替换为某时刻的轴向切深微元 $\mathrm{d}Z$，则在刀具旋转时间 t 时第 j 个刀齿第 l 个铣削刃微元上的三向微元铣削力可表示为式 (2-7)：

$$\mathrm{d}F_{tjl} = g(\phi_{jl}) \cdot [K_{\mathrm{tc}} \cdot h_{\mathrm{D}}(\phi_{jl}) \cdot \mathrm{d}Z + K_{\mathrm{te}} \cdot \mathrm{d}Z]$$
$$\mathrm{d}F_{rjl} = g(\phi_{jl}) \cdot [K_{\mathrm{rc}} \cdot h_{\mathrm{D}}(\phi_{jl}) \cdot \mathrm{d}Z + K_{\mathrm{re}} \cdot \mathrm{d}Z]$$
$$\mathrm{d}F_{ajl} = g(\phi_{jl}) \cdot [K_{\mathrm{ac}} \cdot h_{\mathrm{D}}(\phi_{jl}) \cdot \mathrm{d}Z + K_{\mathrm{ae}} \cdot \mathrm{d}Z] \tag{2-7}$$

式中，$g(\phi_{jl})$ 用来判断某一刀齿是否参与了切削，可由式 (2-8) 表示的单位阶跃函数来表达：

$$\begin{cases} g(\phi_{jl}) = 1 & (\phi_{\mathrm{st}} \leqslant \phi_{jl} \leqslant \phi_{\mathrm{ex}}) \\ g(\phi_{jl}) = 0 & (\phi_{jl} < \phi_{\mathrm{st}} \ \text{或} \ \phi_{jl} > \phi_{\mathrm{ex}}) \end{cases} \tag{2-8}$$

式中，ϕ_{st} 为参与铣削的刀刃切入角；ϕ_{ex} 为参与铣削的刀刃切出角。

令 $\Omega = \arccos(1 - a_{\mathrm{e}}/R)$，$\psi = a_{\mathrm{p}}\tan\beta/R$，则：

(1) 顺铣加工，$\phi_{jl} = \phi_{10} + (j-1)\phi_{\mathrm{p}} + a_{\mathrm{p}}l\tan\beta/(MR)$，$0 \leqslant \phi_{jl} \leqslant \Omega$，则有式 (2-9)：

$$\begin{cases} \phi_{\mathrm{st}} = \max\{0, -\omega t_{\mathrm{ime}} + (j-1)\phi_{\mathrm{p}}\} \\ \phi_{\mathrm{ex}} = \min\{\Omega, -\omega t_{\mathrm{ime}} + (j-1)\phi_{\mathrm{p}} + a_{\mathrm{p}}l\tan\beta/(MR)\} \end{cases} \tag{2-9}$$

(2) 逆铣加工，$\phi_{jl} = -\phi_{10} - (j-1)\phi_{\mathrm{p}} - a_{\mathrm{p}}l\tan\beta/(MR)$，$0 \leqslant \phi_{jl} \leqslant \Omega$，则有式 (2-10)：

$$\begin{cases} \phi_{\mathrm{st}} = \max\{0, \omega t_{\mathrm{ime}} - (j-1)\phi_{\mathrm{p}} - a_{\mathrm{p}}l\tan\beta/(MR)\} \\ \phi_{\mathrm{ex}} = \min\{\Omega, \omega t_{\mathrm{ime}} - (j-1)\phi_{\mathrm{p}}\} \end{cases} \tag{2-10}$$

对式 (2-7) 中的各个微元由二维直角坐标变换到三维直角坐标系中，表达式见式 (2-11)。

$$\begin{cases} \mathrm{d}F_{xjl} = -\mathrm{d}F_{tjl}\cos\phi_{jl} - \mathrm{d}F_{rjl}\sin\phi_{jl} \\ \mathrm{d}F_{yjl} = \mathrm{d}F_{tjl}\sin\phi_{jl} - \mathrm{d}F_{rjl}\cos\phi_{jl} \\ \mathrm{d}F_{zjl} = \mathrm{d}F_{ajl} \end{cases} \quad (2-11)$$

对式（2-7）中的 M 个微元点进行求和，可得到不同铣削方式下切削刃上的切削力，累加得到刀具各个方向（进给方向、法线方向和轴向方向）上承受的瞬时切削力合力，由图 2-50 中的切向、径向、轴向各向的铣削力分布获得瞬时铣削力合力，见式（2-12）。

$$\begin{cases} F_x = \sum_{j=1}^{N}\sum_{l=1}^{M}\left[-\mathrm{d}F_{tjl}\cos(\phi_{jl}) - \mathrm{d}F_{rjl}\sin(\phi_{jl})\right] \\ F_y = \sum_{j=1}^{N}\sum_{l=1}^{M}\left[\mathrm{d}F_{tjl}\sin(\phi_{jl}) - \mathrm{d}F_{rjl}\cos(\phi_{jl})\right] \\ F_z = \sum_{j=1}^{N}\sum_{l=1}^{M}\mathrm{d}F_{ajl} \end{cases} \quad (2-12)$$

结合铣刀参数（刀具半径 R、刀具螺旋角 β、刀具齿数 N）、铣削用量（轴向切深 a_p、径向切深 a_e、每齿进给量 f_z）以及确定的铣削力系数，通过计算机计算就可得到圆柱立铣刀铣削力解析解，为铣削力的预测提供可靠的理论支持与合理的参数推荐。

角度齿间角 ϕ_p、螺旋角 β、刀具切除角 ψ、刀具径向切出角 Ω 和角度 η 等角度位置关系如图 2-51 所示。

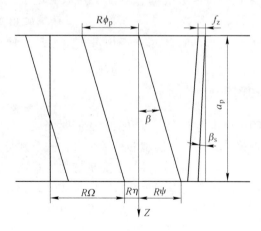

图 2-51　各角度之间的关系

其中，角度 β_s 可由式（2-13）表示，这个倾斜角度是在已加工表面由于每齿切削形成的：

$$\tan\beta_s = \frac{f_z N}{2\pi R}\tan\beta \quad (2-13)$$

某一时刻的刀具参与切削情况可由角度 η 和角度 Ω 来进行判断，两角度之间存在关系 $\eta = \phi_\mathrm{p} - \psi$。当铣刀刀齿 1 准备切入，刀齿 2 正要离开工件时，只有 1 个刀齿参与切削，这时角度 η 和角度 Ω 存在 $\Omega > \eta$，如图 2 - 52(a) 所示。当 $\eta < 0$ 时，即 $\phi_\mathrm{p} < \psi$ 时，铣刀齿间角小于铣刀刀刃侵入角，刀具上有 2 个及以上的刀齿同时参与切削。2 个刀齿同时参与切削的情况如图 2 - 52(b) 所示，图 2 - 52(c) 所示为 3 个刀齿同时切削的情况。如果 $\Omega \leqslant \eta$，此时无刀齿参与切削，铣削力为零。

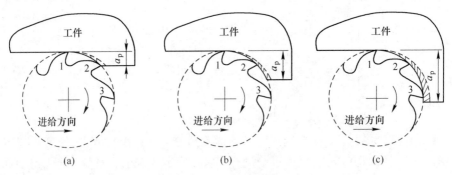

图 2 - 52　刀齿切削情况

(a) 1 个刀齿参与切削；(b) 2 个刀齿参与切削；(c) 3 个刀齿参与切削

由以上分析可知，刀具半径 R、刀具螺旋角 β、刀具齿数 N 等铣刀参数与轴向切深 a_p、径向切深 a_e、每齿进给量 f_z 等加工参数决定了铣削过程中参与铣削的铣刀刀齿数。在确定铣刀参数（刀具半径 R、刀具螺旋角 β、刀具齿数 N）、加工参数（轴向切深 a_p、径向切深 a_e、每齿进给量 f_z）后便可以确定同时参与铣削刀齿数。

2.2.2　模型参数的确定

建立一个完整的可以工作的铣削力模型，还需要完成未知参数的确定。铣削力模型参数准确与否关系到铣削力模型的精确与否，关系到是否可以精准地描述铣削过程。在这个模型中需要确定的参数主要是铣削力系数，是单位微元铣削面积在铣削加工时消耗的能量。这里确定的系数包括式（2 - 3）中的 6 个参数，即切向力系数 K_tc、径向力系数 K_rc、轴向力系数 K_ac、切向刃口力系数 K_te、径向刃口力系数 K_re 以及轴向刃口力系数 K_ae。

铣削模型系数与铣削参数、刀具参数等呈非线性关系，不能使用函数直接建模的方法，这里归纳了六种方法来进行计算。

（1）平均法。通过实验测得铣削力取其平均值，将其代入计算可获得模型铣削力系数。这是最常用的一种方法。

（2）转化法。将正交切削模型转化为斜角切削模型，令近似切削条件下的倾斜角等同于螺旋角，使用斜角切削下的实验数值代替螺旋角相应参数值。

（3）分段法。将铣削力系数定义为基于切削厚度的分段函数，每一段均可采用线性函数来处理，直到满足模型精度要求为止。

（4）指数函数法。将铣削模型中的切削力系数表示为与切削厚度相关的指数函数，再加以计算。

（5）高阶多项式法。将铣削力系数与切削厚度 h_D 之间的关系用高阶多项式来表示。这种方法结构复杂、计算量大，但在一定范围内能得到较精准的值。

（6）塑性理论法。利用塑性理论以及仿真分析方法来对铣削力系数进行求解。

本书采用平均法来获取铣削力模型参数。这种方法应用广泛，研究表明，用该法计算得到的平均铣削力系数模型的精度可满足大多数的高速铣削加工的要求[4~6]。以下介绍利用这种方法求解铣削力模型参数的过程。

第一步，求取平均铣削力。如式（2-14）所示，对 t 时间段内 m 个样点的瞬时铣削力求取平均值。

$$\begin{bmatrix} \bar{F}_X \\ \bar{F}_Y \\ \bar{F}_Z \end{bmatrix} = \frac{1}{m} \sum_{p=1}^{m} \begin{bmatrix} F_X \\ F_Y \\ F_Z \end{bmatrix} \qquad (2-14)$$

第二步，对一个周期内的由式（2-12）计算的瞬时铣削力合力进行求和变换，写作矩阵形式，见式（2-15）；同理，对式（2-7）做矩阵变换，得到切向径向以及轴向力的微元矩阵，见式（2-16）。

$$\begin{bmatrix} F_X \\ F_Y \\ F_Z \end{bmatrix} = \sum_{j=1}^{N} \sum_{l=1}^{M} \begin{bmatrix} -\cos(\phi_{jl}) & -\sin(\phi_{jl}) & 0 \\ \sin(\phi_{jl}) & -\cos(\phi_{jl}) & 0 \\ 0 & 0 & 1 \end{bmatrix} \cdot \begin{bmatrix} dF_{tjl} \\ dF_{rjl} \\ dF_{ajl} \end{bmatrix} \qquad (2-15)$$

$$\begin{bmatrix} dF_{tjl} \\ dF_{rjl} \\ dF_{ajl} \end{bmatrix} = g \cdot \begin{bmatrix} K_{tc} & K_{te} \\ K_{rc} & K_{re} \\ K_{ac} & K_{ae} \end{bmatrix} \cdot \begin{bmatrix} h_D \\ 1 \end{bmatrix} \cdot dZ \qquad (2-16)$$

第三步，将式（2-15）和式（2-16）代入式（2-14），模型平均铣削力见式（2-17）。假设模型平均铣削力等同于实际平均铣削力，则实际平均铣削力等于铣削力系数乘以一个系数矩阵 $[A]$，见式（2-18）。

$$\begin{bmatrix} \bar{F}_X \\ \bar{F}_Y \\ \bar{F}_Z \end{bmatrix} = \frac{1}{m} \sum_{p=1}^{m} \sum_{j=1}^{N} \sum_{l=1}^{M} \begin{bmatrix} -\cos(\phi_{jl}) & -\sin(\phi_{jl}) & 0 \\ \sin(\phi_{jl}) & -\cos(\phi_{jl}) & 0 \\ 0 & 0 & 1 \end{bmatrix} \cdot g \cdot \begin{bmatrix} K_{tc} & K_{te} \\ K_{rc} & K_{re} \\ K_{ac} & K_{ae} \end{bmatrix} \cdot \begin{bmatrix} h_D \\ 1 \end{bmatrix} \cdot dZ$$

$$(2-17)$$

$$
\begin{bmatrix} \overline{F}_X \\ \overline{F}_Y \\ \overline{F}_Z \end{bmatrix} = [A] \cdot \begin{bmatrix} K_{tc} & K_{te} \\ K_{rc} & K_{re} \\ K_{ac} & K_{ae} \end{bmatrix} \qquad (2-18)
$$

式中，矩阵 $[A]$ 的大小由铣削加工参数和刀具参数决定。

第四步，对式（2-18）进行求解。可在式两边同乘以矩阵 $[A]$ 的逆矩阵 $[A]^{-1}$，得到平均铣削力系数，见式（2-19）。

$$
\begin{bmatrix} K_{tc} & K_{te} \\ K_{rc} & K_{re} \\ K_{ac} & K_{ae} \end{bmatrix} = [A]^{-1} \cdot \begin{bmatrix} \overline{F}_X \\ \overline{F}_Y \\ \overline{F}_Z \end{bmatrix} \qquad (2-19)
$$

式中，矩阵 $[A]$ 可利用 Matlab 等工具软件通过编程计算求解出来，实际平均铣削力可通过铣削力试验测量获得。

2.2.3 铣削力验证分析

本书利用 Yucesan 和 Altintas[7] 立铣铣削加工钛合金的实验数据，对所建立的铣削力解析模型进行验证。

实验设置如下：刀具齿数 $N = 1$，刀具螺旋角 $\beta = 30°$；刀具直径 $D = 19.06\text{mm}$；刀具材料为硬质合金（90% WC，10% Co），洛氏硬度为 92。铣削加工工件材料为钛合金 Ti - 6Al - 4V。铣削加工参数为：轴向切深 $a_p = 7.62\text{mm}$；径向切削为 $a_e = 19.06\text{mm}$；每齿进给量从 0.0127mm 到 0.2030mm。

Yucesan 和 Altintas 的铣削力测量图形如图 2-53 所示。

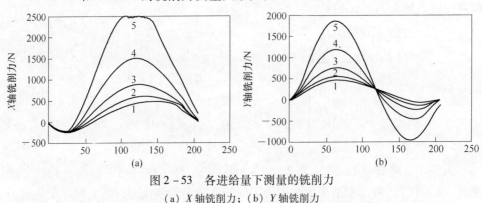

图 2-53 各进给量下测量的铣削力
（a）X 轴铣削力；（b）Y 轴铣削力
每齿进给量：1—0.0127mm；2—0.0254mm；3—0.0508mm；4—0.1020mm；5—0.2030mm

根据 Yucesan 和 Altintas 实验条件，利用铣削力系数模型计算出铣削力系数如下：$K_{tc} = 800\text{N/mm}^2$，$K_{rc} = 150\text{N/mm}^2$，$K_{ac} = 200.0\text{N/mm}^2$，$K_{te} = 30.0\text{N/mm}$，$K_{re} = 30.0\text{N/mm}$，$K_{ae} = 1.5\text{N/mm}$。利用该模型对铣削力进行仿真分析，其仿真图形如图 2-54 所示。

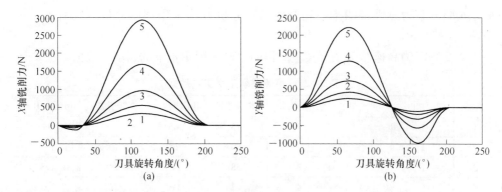

图 2 - 54　相同实验条件下铣削力仿真

（a）X 轴铣削力；（b）Y 轴铣削力

1—$f_z = 0.0127$mm；2—$f_z = 0.0254$mm；3—$f_z = 0.0508$mm；4—$f_z = 0.1020$mm；5—$f_z = 0.2030$mm

对比图 2 - 53 和图 2 - 54，可发现两图形的吻合程度非常高，其趋势基本一致。通过解析模型的计算值与实验测量值对比可知，其最大值存在一定误差，其值大概在 ±100N 左右，见表 2 - 21。这是由于铣削力系数不准确造成的，从平均误差分析，其值为 32N 和 12N 左右，可知仿真和实验数据在允许误差范围内。由上述分析得出结论，本书建立的铣削模型是满足精度要求的。

表 2 - 21　铣削力最大值对比

曲线	X 向最大值				Y 向最大值			
	实测/N	仿真/N	绝对值	百分比/%	实测/N	仿真/N	绝对值	百分比/%
1	361	251	110	30.471	240	132	108	45
2	482	561	- 69	14.315	496	343	153	30.847
3	776	856	- 80	10.309	693	623	70	10.101
4	1497	1521	- 24	1.603	1121	1206	- 85	7.582
5	2596	2693	- 97	3.736	1986	2231	- 145	7.310

2.3　切削过程经验模型

经验建模法是比较常用的一种建立在大量的切削实验基础上的建模方法。这种方法原理简单、应用方便，但所需实验量比较大，且数据仅在一定参数范围内有效，成本相对高。

2.3.1　高速铣削实验设置

材料为镍基合金 Inconel718；影响因素有：切削速度 v、进给量 f、切削深度

a_p；实验方案为三因素四指标正交实验；分析方法采用回归分析、数值拟合等方法。

表 2 - 22 为高速车削正交实验测得的不同切削用量下的切削力数据。

表 2 - 22　高速车削正交实验数据

实验号	切削速度 v	进给量 f	切削深度 a_p	进给力 F_f	切深抗力 F_p	主切削力 F_c	切削合力 F_r
1	1	1	1	15	45	75	89
2	1	2	2	30	65	105	127
3	1	3	3	38	110	135	178
4	1	4	4	72	190	225	303
5	2	1	2	25	56	82	102
6	2	2	1	20	55	70	91
7	2	3	4	63	170	210	277
8	2	4	3	40	125	154	202
9	3	1	3	36	85	115	147
10	3	2	4	58	120	150	201
11	3	3	1	18	47	80	95
12	3	4	2	33	90	120	154
13	4	1	4	48	130	128	189
14	4	2	3	33	82	125	153
15	4	3	2	26	90	103	139
16	4	4	1	24	67	100	123

2.3.2　切削力经验模型建立

根据金属切削原理，建立切削力经验模型见式（2 - 20）。

$$F = C_F v^x f^y a_p^z \qquad (2 - 20)$$

式中，C_F 为与刀具、工件有关的常数；x、y、z 为影响因素的影响指数。

只要求解出参数 C_F、x、y、z 的值，就可得到切削力的经验模型完整形式。将式（2 - 20）两边取对数，可得式（2 - 21）。

$$\ln F_r = \ln C_F + x\ln v + y\ln f + z\ln a_p \qquad (2 - 21)$$

令 $Y = \ln F_r$，$X_1 = \ln v$，$X_2 = \ln f$，$X_3 = \ln a_p$，$C = \ln C_F$，可将式（2 - 21）转换成线性形式，见式（2 - 22）。

$$Y = C + xX_1 + yX_2 + zX_3 \qquad (2 - 22)$$

利用 Matlab 软件进行多元线性回归分析，可求解出参数 x、y、z 和 C_F 的值，得到硬质合金刀具高速车削 Inconel718 的三向切削力经验公式。

$$F_f = 493.39 v^{-0.0673} f^{0.2873} a_p^{1.0307} \qquad (2 - 23)$$

$$F_p = 1418.14v^{-0.0365}f^{0.4556}a_p^{0.9560} \qquad (2-24)$$

$$F_c = 1792.56v^{-0.1426}f^{0.4054}a_p^{0.7118} \qquad (2-25)$$

评价多元线性回归方程与实验数据拟合程度常使用可决系数 $R^2(0 \leqslant R^2 \leqslant 1)$，$R^2$ 越接近于 1，说明拟合程度越好。计算式（2-23）~式（2-25）可决系数，其值分别为 $R^2 = 0.9623$，$R^2 = 0.9585$，$R^2 = 0.9572$，拟合度较好。

对切削力经验模型进行分析，残差分析图如图 2-55 所示。在图 2-55（a）、（c）中，可看到全部误差条都穿过了"0"参考线，说明数据中无异常值；而在图 2-55（b）中，第 11 个观测量的误差条没有穿过"0"参考线，可判断是一个异常值，应剔除。

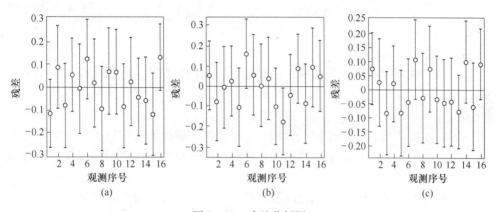

图 2-55　残差分析图

（a）进给力拟合；（b）切深抗力拟合；（c）主切削力拟合的残差

2.4　切削过程智能混合模型

基于遗传算法、混沌理论、人工神经网络技术等的智能建模方法已渐渐引入到切削过程模型中，尤其在研究高速切削时，智能混合建模法从一个新的角度来研究切削机理，是一个最新的研究热点。

下面以高速切削钛合金为例，利用遗传算法建立智能混合模型，以预测并优化切削参数。

2.4.1　切削用量优化方法

优化设计主要目标是确定优化变量以得到最优的目标函数值，目标函数 $f(x) = f(x_1, x_2, \cdots, x_n)$，见式（2-26）。

$$\begin{cases} \min f(x) & (i = 1, 2, \cdots, N) \\ x = [x_1, x_2, \cdots, x_n] \\ g_m(x) \leqslant 0 \end{cases} \qquad (2-26)$$

在制造系统的优化中常使用三种基本评价标准：最大生产率优化目标、最低生产成本优化目标以及最大利润优化目标[8]。除此之外，在实际生产制造过程中，还必须考虑刀具寿命、切削温度以及表面粗糙度等重要因素，因此本书在三种常用标准的基础上，又增加了刀具寿命最长优化目标、表面粗糙度最小优化目标、切削温度最低优化目标以及材料去除率最大优化目标。多目标优化问题的数学模型见式（2－27）。

$$F(x) = [F_1(x), F_2(x), \cdots, F_m(x)]$$
$$\min F(x) \quad (x \in R^n)$$
$$G_i(x) = 0 \quad (i = 1, \cdots, k_e) \qquad (2-27)$$
$$G_i(x) \leqslant 0 \quad (i = k_e + 1, \cdots, k)$$
$$x_i \leqslant x \leqslant x_u$$

式中，x 为优化变量。

这样，就需要考虑七项因素在制造过程中的影响程度。而这些因素是不相容的，即互相之间可能存在矛盾，如欲提高材料去除率，可能就要牺牲刀具寿命以及表面粗糙度等。因此在切削参数优化过程中，必须要综合考虑所有指标，确定各因素的重要程度，利用加权组合法，在各指标中进行最优选择，以使企业达到最大的经济效益。最后确定的这些优化后的切削参数针对各项指标来说是相对满意的。

评价函数法是目标函数优化问题求解的最基本方法。评价函数是从多变量的目标函数转化而成的，转化过程中需要考虑的主要是决策者的意图以及问题的特点等。之后，对评价函数进行优化处理的思路是将多目标函数转化为单目标优化问题，这样可以降低求解的难度[9]。在本系统中，对高速铣削与高速车削的切削参数都进行了优化计算，这里以高速铣削为例简要介绍优化过程。高速铣削优化问题的形式见式（2－28），以刀具寿命最长优化目标、表面粗糙度最小优化目标、切削力最小优化目标以及材料去除率最大优化目标建立优化目标函数，见式（2－29）。

$$M(v, f_z, a_e, a_p) = \sum_{i=1}^{4} \lambda_i M_i(v, f_z, a_e, a_p) \quad (i = 1,2,3,4) \qquad (2-28)$$
$$M = \lambda_T f_4 + \lambda_R f_5 + \lambda_F f_6 + \lambda_Q f_7 \qquad (2-29)$$

式中，λ_T、λ_R、λ_F 与 λ_Q 分别为刀具寿命、表面粗糙度、切削力、材料去除率在目标函数中的加权系数。

采用有约束条件的数学优化分析法，对可控变量，即高速切削用量进行优化计算。约束条件如下：

（1）机床主轴转速约束见式（2－30）。

$$g_1(x) = \frac{\pi D n_{min}}{1000} - x_1 \leqslant 0$$

$$g_2(x) = x_1 - \frac{\pi D n_{max}}{1000} \leq 0 \tag{2-30}$$

式中，n_{min} 为机床最低转速；n_{max} 为机床最高转速；D 为刀具直径。

（2）机床进给速度约束见式（2-31）。

$$g_3(x) = v_{fmin} - x_2 \leq 0$$
$$g_4(x) = x_2 - v_{fmax} \leq 0 \tag{2-31}$$

式中，v_{fmin} 为最小进给速度，v_{fmax} 为最大进给速度。

（3）有效功率约束条件（适用于铣床、车床、镗床、刨床）见式（2-32）。

$$g_5(x) = \frac{F_s x_1}{6 \times 10^4} - \eta P_{max} \leq 0 \tag{2-32}$$

式中，η 为功率有效系数，F_s 为切向铣削力；P_{max} 为机床最大功率。

（4）机床最大扭矩约束见式（2-33）。

$$g_6(x) = \frac{F_t D}{2 \times 1000} - M_T \leq 0 \tag{2-33}$$

式中，M_T 为最大允许扭矩；D 为刀具直径。

（5）表面粗糙度约束见式（2-34）。

$$g_7(x) = R_a(x) - R_{max} \leq 0 \tag{2-34}$$

式中，R_{max} 为允许的最大表面粗糙度。

（6）刀具耐用度约束见式（2-35）。

$$g_8(x) = v_c - \frac{c_v k_v}{T^m a_p^{x_v} f^{y_v}} \leq 0 \tag{2-35}$$

式中，c_v 为切削速度系数；k_v 为各影响因素修正系数的积；x_v、y_v 分别为切削深度与进给量对刀具耐用度的影响。

接下来，设计惩罚函数，见式（2-36）。

$$\phi(x, r^{(k)}) = f(x) + r^{(k)} \sum_{i=1}^{m} \{ \max[g_i(x), 0] \}^2 \tag{2-36}$$

式中，$r^{(k)}$ 为惩罚因子，且有 $\lim\limits_{k \to \infty} r^{(k)} = \infty$，$0 < r^{(0)} < r^{(1)} < \cdots < r^{(k)}$。

2.4.2 遗传算法的应用

本系统中高速切削用量参数优化使用遗传算法（genetic algorithm, GA）进行。GA 算法是一种模拟达尔文遗传选择和自然淘汰的生物进化过程的计算模型。通过适应度函数对字符串群体进行选择、交叉、变异遗传等运算，每一代的解通过迭代获得，新解通过遗传操作生成，保留了适应度值高的旧解以及一部分新解，得出的解都要通过适应度函数进行评价，最优解是在遗传过程重复进行直到收敛停止时获得[10]。

本书所选优化参数包括切削速度v_c、进给速度f、切削厚度a_c以及切削宽度a_e。适应度函数见式（2-37）。

$$Fit(X) = \begin{cases} C - f(X) & f(X) < C \\ 0 & f(X) \geqslant C \end{cases}$$

$$(2-37)$$

式中，C为$f(X)$的最大值估计。

基于遗传算法的切削用量优化流程图如图2-56所示，利用遗传算法进行寻优工作的具体步骤如下。

第一步，设置遗传算法参数种群大小、变异概率、交叉概率、迭代次数等。

第二步，确定优化目标与约束条件。

第三步，初始化切削参数。对每一个切削用量进行初始化，切削参数始终为正值，且具有上限，如对切削速度的初始化可采用形式$v = \text{random}() \times (v_{max} - v_{min}) + v_{min}$，将其作为初始父代。对研究的变量或者对象进行编码，形成字符串，随机产生个体数目恒定的初始种群。

第四步，计算群体中个体的适应度，判断是否达到迭代次数，当满足结束条件时就可输出最优解，计算结束；如果没有达到遗传代数，则迭代继续进行，选择、交叉、变异，直到产生新种群，选择最优的染色体。

（1）依据适应度选择再生个体，适应度高的个体被选中。在种群中添加适应度高的个体，删除低的个体，同时要注意保持种群总数不变。可采用轮盘赌方式，产生一个取值范围为[0,1]的随机数random，如果满足条件random <

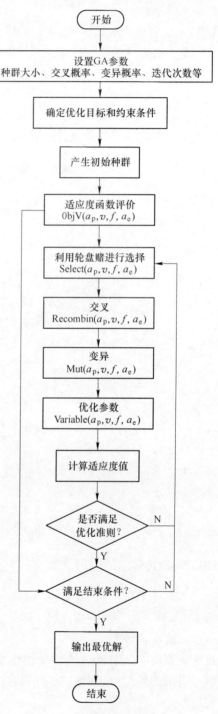

图2-56 切削用量优化流程

$$\text{sum} = \sum_{i=0}^{n} \text{oldpop}[i]/\text{sumfitness}$$，则第 i 个个体被选择。

（2）交叉是一种生成随机新个体的运算方法，主要应用的是交叉概率和交叉方法。为了保证交叉以后的染色体优于父代染色体，本次计算采用基于方向的单点交叉方法，所得到的新的染色体跟随父代进行编码。

（3）变异是指按照变异概率和变异方法，随机地改变某个个体的某个字符，以生成新的个体的运算方法。本次计算采用基于方向的随机变异运算方法，以保证发生变异的染色体一定优于其父代。

第五步，判断是否符合优化准则，若符合进入第六步。

第六步，判断是否达到遗传代数，如已达到迭代次数就将最佳个体以及最优解输出，计算结束，否则跳转到第三步。

以高速铣削钛合金 Ti-6Al-4V 为例，应用遗传算法实现切削用量参数优化。切削工艺约束与遗传算法初始化参数设置见表 2-23 和表 2-24。

表 2-23 切削工艺约束

切削用量	切削速度 $v_c/\text{m} \cdot \text{min}^{-1}$	每齿进给量 f/mm	切削深度 a_c/mm	切削宽度 a_e/mm
取值范围	30~630	0.05~0.17	0.1~1.6	0.1~3

表 2-24 遗传算法初始化参数

种群个体数	进化代数	交叉概率	变异概率	离散精度	权重系数 λ_1	权重系数 λ_2	权重系数 λ_3
50	100	0.8	0.04	0.01	0.2	0.4	0.4

铣削钛合金 Ti-6Al-4V 多目标参数优化 Matlab 结果如图 2-57 所示。可以看出，在计算到 120 代以后目标函数趋于平缓，此时求得的切削用量可认为是最优的，即最优切削深度为 0.1mm，最优切削速度为 53.2m/min，最优每齿进给量为 0.05mm，最优切削宽度为 0.1mm。

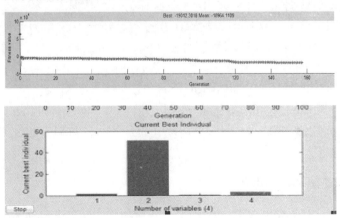

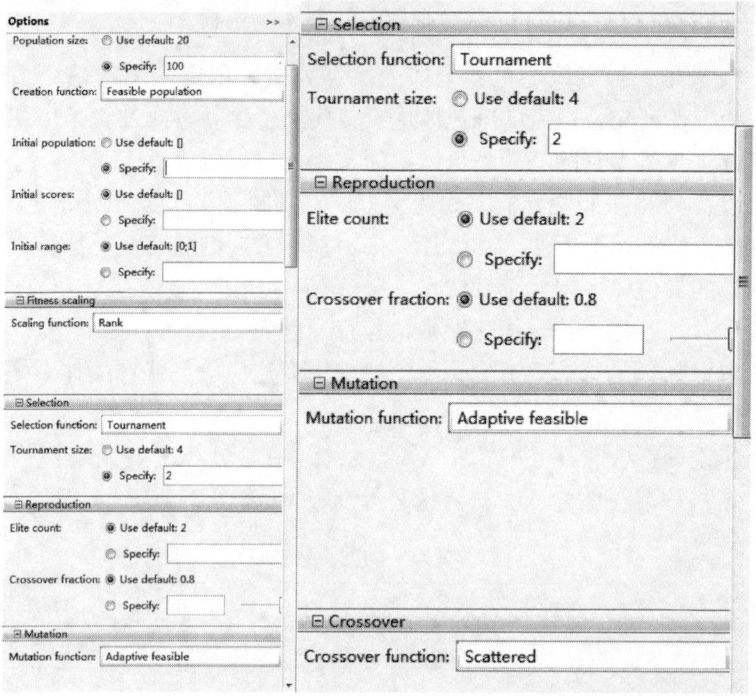

图 2 - 57 切削用量优化 Matlab 结果图

2.4.3 创建数据库技术

数据库 E - R 图可提供实体、属性和联系三者之间的关系[11]，本书中的数据库涉及产品全生命周期的所有数据，数据量非常庞大，包括工件性能、机床参数、切削用量数据、有限元仿真、切削方式数据、刀具参数以及压杆试验的应力应变数据等，E - R 图如图 2 - 58 所示。

选用关系型数据库管理系统 MS Access 作为管理数据库系统[12]，以山高刀具的高速切削用量参数为例说明数据库建立过程。新建一个名为 "HSM" 的数据库，包含 13 个数据表：切削用量数据表（by_ cutting dosage）、有限元参数设置表（by_ finite element）、图纸表（by_ drawings）、刀具数据表（by_ cuttingtool）、故障诊断表（by_ Fault diagnosis）、成本核算数据表（by_ cost accounting）、系统设置（by_config）、留言板（by_gb）、button 编辑器表（ewebeditor_ button）、system 编辑器表（ewebeditor_ system）等。各数据表通过关键字被联系起来[13]。

2.4.4 网络系统结构的建立

本系统构建在 C/S 网络体系结构上，客户端将产品全生命周期所有信息上传

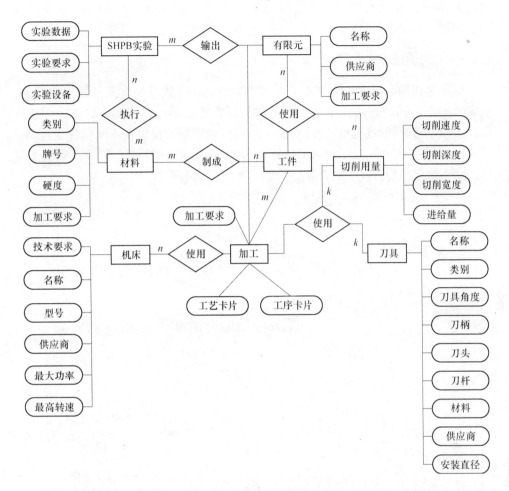

图 2 – 58 高速切削数据库 E – R 图

（m、n、k 代表不同数量）

至服务器端，并接收由系统发送的各类数据，而诸如分析设计部门、生产车间、财务部门、库房等的数据，追踪与管理高速切削过程中的所有数据，以及实现在线数据查询与选择，产品生产全生命周期内的生产成本评估与统计等工作都由服务器端来完成[14]。整个工作过程都在实时监控下完成，同时实现了网络平台上的数据共享[15]。

在 Dreamweaver 平台上新建基本页 index，在"index"中进行设计，共有 5 个导航栏，分别为本构生成与有限元、切削用量推荐、刀具信息与图纸库、故障诊断模块、知识库。选择 Internet Information Server（IIS）为 Web 服务器，利用 Dreamweaver 作为开发网页的工具，建立动态查询网页，该网页与动态显示网页通过表单变量名连接起来，最终实现网络平台下不同参数的自动获取[16]。

2.4.5 系统验证

本高速切削数据库系统实现了本构模型的自动生成及与有限元的集成功能；实现了根据不同高速切削条件对高速切削参数的智能推荐功能，如图 2 – 59 所示；实现了各类图纸信息的管理功能，用户可利用标准接口在不同软件（如 AutoCAD、SolidWorks 等）中对图纸进行查询与编辑，如图 2 – 60 所示；实现了刀具寿命在线监控与刀具参数推荐等功能，如图 2 – 61 所示。

根据每齿进给量fzΦ 8-10mm 对应的高速切削参数如下

返回

山高材料分组编号	铣槽mm/齿	螺旋/斜坡铣/铣平面mm/齿	侧铣粗加工mm/齿	侧铣精加工mm/齿	仿形铣削粗加工mm/齿	仿形铣削粗加工mm/齿
1--2	0.090/0045	0.057	0.081	0.085	0.13	0.117
3--4	0.080/0042	0.053	0.076	0.079	0.121	0.109
5--6	0.070/0041	0.051	0.072	0.076	0.115	0.105
>48-56 HRC	0.039	0.049	0.07	0.074	0.150/0112	0.101
>56-62 HRC	0.036	0.045	0.065	0.068	0.120/0104	0.093
>62-65 HRC	0.03	0.038	0.054	0.057	0.100/0086	0.078
>65 HRC	0.03	0.038	0.054	0.057	0.090/0086	0.078
8--9	0.045	0.057	0.081	0.085	0.091	0.117
10--11	0.042	0.053	0.076	0.079	0.085	0.109
12--13	0.045	0.057	0.081	0.085	0.104	0.117
14--15	0.042	0.053	0.076	0.079	0.097	0.109

图 2 – 59 根据每齿进给量确定切削参数

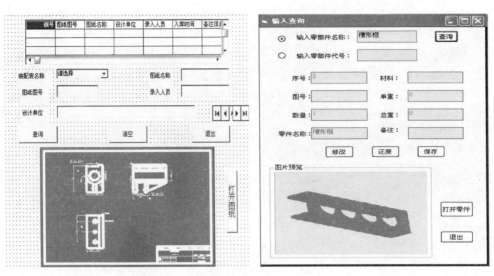

图 2 - 60　图纸库模块

刀具资料管理						
刀具资料		添加	修改	删除	查询	显示全部

序列	名称	型号	规格	用途	备注	
8	212	21	21	21	21	
15	直柄阶梯麻	GB/T 6138.1	Φ2.5～12.0		材料(HSS)顶	
16	直柄麻花钻	GB1436-85	Φ2.0～13.0			
17	直柄长麻花	GB/T 6135.4	Φ1.0～13.0			
18	双头麻花钻		Φ7/64"～1/		材料(HSS)顶	
19	直柄平底锪	GB4260-84	Φ5-20mm			
20	直柄扩孔钻	GB4256-84	Φ3-20mm			
21	锥柄扩孔钻	GB1141-84	Φ8-50mm			
22	锥柄锥面锪	GB1143-84	Φ16-80mm			
23	直齿三面刃	GB/T 1117	Φ50-125		适用于加工□	
24	锯片铣刀（	GB/T 6120 Q	Φ40-200		适用于铣削?	
25	单角铣刀	GB/T 6120 Q	Φ40-100		主要用于加□	
26	莫氏锥柄立	GB/T 1117.2	Φ14-50		细齿：适用□	
27	直柄键槽铣	GB/T 1112	Φ3-20		适用切割开□	
28	带刃倾角直	GB4244	Φ5.5-20			
29	方形车刀条	GB4211-84	3~25			
30	粗柄机用丝	GB/T3464.1	M3-10	加工通孔和	单支初锥；单	
31	细柄机用丝	GB/T3464.1	M3-6	加工通孔和	单支初锥；单	
32	细柄机用丝	GB/T3464.1	M7-52	加工通孔和	单支初锥；单	
33	短型手用丝	Q/2019 7304	M3-10	加工通孔和	单支初锥；单	
34	短型槽用丝	Q/2019 7304	M3-52	加工通孔和	通孔用单支□	
35	螺旋槽丝锥	GB/T 3506	M3-16	加工不通的?		
36	长柄螺母丝	JB/T 8786	M6-30	用于加工螺?		

2008-6-9	13:10		记录数：23

图 2 - 61　刀具信息查询

2.5 切削过程工艺性能预测模型

高速切削加工中的零件加工表面质量一般可采用表面完整性指标来评定，而这些指标的高低受到各种工艺参数等因素影响。这里以高速铣削钛合金 Ti - 6Al - 4V 为例，建立表面完整性模型，用来预测残余应力、表面粗糙度、表面加工硬化等因素。

2.5.1 基于解析法的残余应力预测模型

切削加工完成后，零件的加工表面仍然受到各种工艺因素的影响，仍有部分作用残留在工件内，这种残留的作用与影响称为残余应力。残余应力影响工件的许多特性，如疲劳寿命、抗腐蚀性等。如果残余应力在工件表面分布不均匀，将会导致工件变形，对工件的形状精度和尺寸精度影响很大。

残余应力产生机理十分复杂，影响因素也很多，本书利用二维正交切削建立了残余应力解析模型。通过切削速度、切削深度、进给速度等切削用量参数以及工件材料性能建立了切削力解析模型与切削温度解析模型，进而建立了残余应力模型以预测工件的热力耦合加载，得到残余应力在工件上的分布状态。

2.5.1.1 切削力建模

利用 Oxley 发展而来金属切削试验滑移线切削力模型，结合工件材料的特性来预测边界接触应力。

在切削力解析模型中，通常可假定切削力是由切屑形成的力和犁耕力组成的，其合力即为整个切削力，假定刀具是完全锋利的，模型满足平面应变和稳态切削，解析模型如图 2 - 62 所示。

从图 2 - 62 中可看出，应力沿着 AB 分布，ϕ 选定后，其合力和刀屑接触面保持平衡，切屑厚度 t_c 和其他分力可由下列方程式来计算确定。

$$t_c = t\cos(\phi - \alpha)/\sin\phi \qquad (2-38)$$

$$F_c = R\cos(\lambda - \alpha) \qquad (2-39)$$

$$F_T = R\sin(\lambda - \alpha) \qquad (2-40)$$

$$F = R\sin\lambda \qquad (2-41)$$

$$N = R\cos\lambda \qquad (2-42)$$

$$R = \frac{F_s}{\cos\theta} = \frac{k_{AB}tw}{\sin\phi\cos\theta} \qquad (2-43)$$

剪切角的确定是一个迭代的过程。可用式（2 - 44）来计算沿着 AB 的应变。

$$\varepsilon_{AB} = \frac{1}{2\sqrt{3}} \frac{\cos\alpha}{\sin\phi\cos(\phi - \alpha)} \qquad (2-44)$$

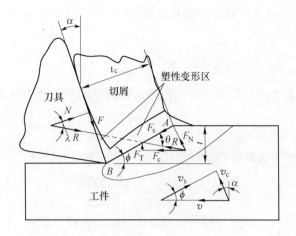

图 2-62 分析切屑形成的模型

ϕ— 剪切角;λ— 摩擦角;F_c— 切削力;F_s— 剪切面分力;F_N— 剪切面正压力;

F_T— 轴向分力;t_c— 切屑厚度;v— 切削速度;v_c— 切屑流速;v_s— 剪切速度;

t— 切削厚度;α— 刀具倾角;N— 正压力

沿着 AB 的应变率可表示为:

$$\dot{\varepsilon}_{AB} = \frac{C_{\text{oxley}}}{\sqrt{3}} \frac{v_s}{l} \tag{2-45}$$

沿 AB 的流动应力 k_{AB} 则可表示为:

$$k_{AB} = \frac{1}{\sqrt{3}} \sigma_0 \left(1 + \frac{\varepsilon_{AB}}{\varepsilon_0^p}\right)^{1/n} \left(1 + \frac{\dot{\varepsilon}_{AB}}{\dot{\varepsilon}_0}\right)^{1/m} \Theta(T) \tag{2-46}$$

式中,$\Theta(T)$ 为工件材料温度软化函数。

切削力可以由式 (2-38) ~ 式 (2-43) 计算得出,摩擦角 λ 由式 (2-47) 来计算:

$$\lambda = \theta + \alpha - \phi \tag{2-47}$$

式中,切削合力中的倾斜角 θ 表示为式 (2-48)。

$$\tan\theta = 1 + 2\left(\frac{\pi}{4} - \theta\right) - C_n \tag{2-48}$$

式中,C_n 为基于原始 Oxley 模型的修正值,可由式 (2-49) 来定义。

$$C_n = C_{\text{oxley}} n \frac{\varepsilon^p}{\sigma_0 \left(1 + \frac{\varepsilon^p}{\varepsilon_0^p}\right)^{1/n}} \tag{2-49}$$

角度 λ 确定后,刀-屑接触区的长度 h 可以计算出来。

$$h = \frac{t_1 \sin\theta}{\cos\lambda \sin\phi}\left(1 + \frac{C_n}{3\tan\theta}\right) \tag{2-50}$$

假设沿刀 – 屑接触区的应力分布是均匀的，则沿刀 – 屑接触面的剪切应力可表示为：

$$\tau_{int} = \frac{F}{hw} \qquad (2-51)$$

利用 Oxley 模型可计算出切屑的温升，切屑上的平均应力可表示为：

$$k_{chip} = \frac{1}{\sqrt{3}}\sigma_0\left(1 + \frac{\varepsilon_{int}}{\varepsilon_0^p}\right)^{1/n}\left(1 + \frac{\dot{\varepsilon}_{int}}{\dot{\varepsilon}_0}\right)^{1/m}\Theta(T) \qquad (2-52)$$

式（2 – 52）中的切屑等效应变可用式（2 – 53）来进行估算：

$$\varepsilon_{int} = 2\varepsilon_{AB} + \frac{1}{\sqrt{3}}\frac{h}{\delta t_2} \qquad (2-53)$$

式中，δ 为第二剪切区厚度与切屑厚度之比；t_2 为切屑厚度。

则切屑的应变率可表示为：

$$\dot{\varepsilon}_{int} = \frac{1}{\sqrt{3}}\frac{v_c}{\delta t_2} \qquad (2-54)$$

随着剪切角的增大，可通过计算确定刀 – 屑接触面剪切应力 τ_{int} 和切屑平均应力 k_{chip}。当 $\tau_{int} = k_{chip}$ 时可得到最大剪切角。上述预测模型是基于干切削条件的，摩擦角 λ 由材料性质以及力的平衡得出；在润滑条件下，摩擦系数 μ 是已知的，摩擦角可由摩擦系数计算得到，如式（2 – 55）所示。

$$\mu = \tan\lambda \qquad (2-55)$$

2.5.1.2 切削温度建模

对残余应力影响较大的另一个因素就是切削温度。假定切削过程中的热源来自两个方面，即剪切区的主热源与刀具与工件间摩擦产生的热源。为了计算方便，可假定工件表面是绝热的，通常采用一个虚构的热源来达到绝热的要求，如图 2 – 63 所示。

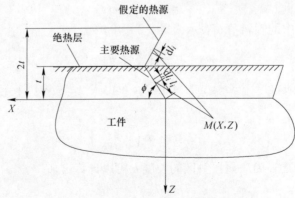

图 2 – 63 工件的剪切区主热源热传模型

在 $M(x, z)$ 处任意一点的温度主要受到热源和假定热源的影响，任意一点的温升可用式（2-56）来计算。

$$\theta_{\text{workpiece-shear}}(X, Z)$$
$$= \frac{q_{\text{shear}}}{2\pi k_{\text{workpiece}}} \int_0^L e^{-\frac{(X-l_i\sin\varphi)V_{\text{cut}}}{2a_{\text{workpiece}}}} \left\{ K_0\left[\frac{v_{\text{cut}}}{2a_{\text{workpiece}}} \sqrt{(X-l_i\sin\varphi)^2 + (Z-l_i\cos\varphi)^2} \right] + \right.$$
$$\left. K_0\left[\frac{v_{\text{cut}}}{2a_{\text{workpiece}}} \sqrt{(X-l_i\sin\varphi)^2 + (Z+l_i\cos\varphi)^2} \right] \right\} \mathrm{d}l_i$$

$$(2-56)$$

其中
$$\varphi = \phi - \frac{\pi}{2}, L = \frac{t}{\sin\phi}$$

刀尖与工件间的摩擦热是一个移动的带状热源，这个区域的摩擦温升也可用一个类似的假定流动热源来确定。由于假定工件表面是绝缘的，则模型的温升就是在假定的流动热源与原来的摩擦热源共同作用下产生的。图 2-64 描述了工件与刀尖的移动带状热源。

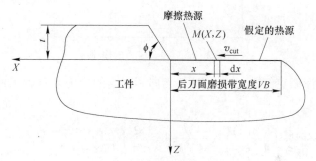

图 2-64 工件的摩擦热源热传模型

摩擦的温升可由式（2-57）来表示。

$$\theta_{\text{workpiece-rubbing}}(X, Z)$$
$$= \frac{1}{\pi k_{\text{workpiece}}} \int_0^{VB} \gamma \cdot q_{(\text{rubbing})}(x) e^{-\frac{(X-x)v_{\text{cut}}}{2a_{\text{workpiece}}}} K_0\left[\frac{v_{\text{cut}}}{2a_{\text{workpiece}}} \sqrt{(X-x)^2 + (Z)^2} \right] \mathrm{d}x$$

$$(2-57)$$

式中，γ 为切削中传入工件的热量比例系数，与刀具和工件的材料都有关，可由经验公式（2-58）来表示。

$$\gamma = \frac{\sqrt{k\rho c}}{\sqrt{k\rho c} + \sqrt{k_t\rho_t c_t}}$$

$$(2-58)$$

式中，k、ρ、c 和 k_t、ρ_t、c_t 分别为工件和刀具的热传导率、密度和比热容。

由切削参数和上文的切削力模型可以得到 q_{shear}、q_{rubbing}：

$$q_{\text{shear}} = \frac{(F_c\cos\phi - F_t\sin\phi)[v_{\text{cut}}\cos\alpha/\cos(\phi-\alpha)]}{twc\csc\phi}$$

$$(2-59)$$

$$q_{\text{rubbing}} = \frac{P_{\text{cut}} v_{\text{cut}}}{wVB} \tag{2-60}$$

2.5.1.3 残余应力建模

在刀尖与工件间的接触应力以及剪切区的应力的共同作用下产生了残余应力，其模型如图 2 - 65 所示。刀尖与工件间的应力为切向载荷和垂直载荷的合力，剪切区应力为沿着剪切面的应力和垂直于剪切面的应力的合力。

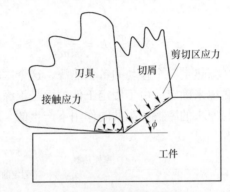

图 2 - 65 残余应力的模型

利用布西涅斯克解[17]，通过计算切向和法向的应力来求解工件受到的应力，见式（2 - 61）。

$$\sigma_x = -\frac{2z}{\pi}\int_{-b}^{a}\frac{p(s)(x-s)^2}{[(x-s)^2+z^2]^2}\mathrm{d}s - \frac{2}{\pi}\int_{-b}^{a}\frac{q(s)(x-s)^3}{[(x-s)^2+z^2]^2}\mathrm{d}s$$

$$\sigma_z = -\frac{2z^2}{\pi}\int_{-b}^{a}\frac{p(s)}{[(x-s)^2+z^2]^2}\mathrm{d}s - \frac{2z^2}{\pi}\int_{-b}^{a}\frac{q(s)(x-s)}{[(x-s)^2+z^2]^2}\mathrm{d}s \tag{2-61}$$

$$\tau_{xz} = -\frac{2z^3}{\pi}\int_{-b}^{a}\frac{p(s)(x-s)}{[(x-s)^2+z^2]^2}\mathrm{d}s - \frac{2z}{\pi}\int_{-b}^{a}\frac{q(s)(x-s)^2}{[(x-s)^2+z^2]^2}\mathrm{d}s$$

2.5.2 基于经验法的表面粗糙度预测模型

表面粗糙度是衡量机械制造表面质量优劣的重要参数之一，是研究表面完整性最常用的指标[18]。这个指标反映了在垂直方向上实际表面和理想表面的偏差程度，其大小直接影响工件的耐磨性、抗腐蚀性以及疲劳强度等，是研究高速切削机理的热点问题之一。从前述的经验法描述可知，经验建模法可直接、准确地反映实际加工情况，是近年来建立高速切削表面粗糙度模型最常用的方法之一。影响高速切削表面粗糙度的因素有很多，如切削方式、切削参数、刀具几何参数、刀具材料、切削液以及刃口半径等[19]。本书以高速铣削加工钛合金Ti - 6Al - 4V 为例，测量影响因素在不同水平下的表面粗糙度，可用来研究影响因素对表面粗糙度的响应规律。

2.5.2.1 高速铣削实验设置

材料为钛合金 Ti – 6Al – 4V；影响因素有：切削速度 v_c、进给量 f_z、切削深度 a_p 以及刃口半径 r_ε；实验方案采用单因素实验法和多因素正交实验法；分析方法采用回归分析、数值拟合等方法。

选用 SECO 刀具 R217.69 – 2525.3 – 09A 可转位铣刀，刀片材质为无涂层硬质合金，选用 XOMX090308TR – ME06 号刀片，刀片切削前角 24°，负倒棱宽度 0.06mm，刀具齿数为 3，刀具直径 25mm，刀尖角 80°。

2.5.2.2 表面粗糙度经验模型建立

假设表面粗糙度与各影响因素之间存在复杂的指数关系，在高速铣削钛合金时，由于刀尖圆弧半径对表面粗糙度的影响很大，可在传统经验模型的基础上加上刃口半径这个影响因素，建立表面粗糙度经验模型如式（2 – 62）所示。

$$R_a = c_0 a_p^{c_1} v_c^{c_2} f_z^{c_3} a_e^{c_4} r_\varepsilon^{c_5} \tag{2-62}$$

式中，$c_0 \sim c_5$ 是常数，可由实验数据来确定。

对式（2 – 62）两边取自然对数：

$$\ln R_a = \ln c_0 + c_1 \ln a_p + c_2 \ln v_c + c_3 \ln f_z + c_4 \ln a_e + c_5 \ln r_\varepsilon$$

令 $y = \ln R_a$，$x_1 = \ln a_p$，$x_2 = \ln v_c$，$x_3 = \ln f_z$，$x_4 = \ln a_e$，$x_5 = \ln r_\varepsilon$，将上式转换为线性回归方程：

$$y = A + c_1 x_1 + c_2 x_2 + c_3 x_3 + c_4 x_4 + c_5 x_5$$

为了方便调用实验数据，设第 i 组试验，标记为 x_{i1}、x_{i2}、x_{i3}、x_{i4}，试验结果标记为 y_i，试验误差记为 ε_i，则可建立 25 组线性回归方程，见式（2 – 63）。

$$\begin{cases} y_1 = \beta_0 + \beta_1 x_{11} + \beta_2 x_{12} + \beta_3 x_{13} + \beta_4 x_{14} + \varepsilon_1 \\ y_2 = \beta_0 + \beta_1 x_{21} + \beta_2 x_{22} + \beta_3 x_{23} + \beta_4 x_{24} + \varepsilon_2 \\ \qquad\qquad\qquad \vdots \\ y_{25} = \beta_0 + \beta_1 x_{251} + \beta_2 x_{252} + \beta_3 x_{253} + \beta_4 x_{254} + \varepsilon_{25} \end{cases} \tag{2-63}$$

式（2 – 63）可用矩阵表示，见式（2 – 64）：

$$Y = X\beta + \varepsilon \tag{2-64}$$

式中，$Y = \begin{bmatrix} y_1 \\ y_2 \\ \vdots \\ y_{25} \end{bmatrix}$，$X = \begin{bmatrix} 1 & x_{11} & x_{12} & x_{13} & x_{14} \\ 1 & x_{21} & x_{22} & x_{23} & x_{24} \\ \vdots & \vdots & \vdots & \vdots & \vdots \\ 1 & x_{251} & x_{252} & x_{253} & x_{254} \end{bmatrix}$，$\beta = \begin{bmatrix} \beta_0 \\ \beta_1 \\ \beta_2 \\ \beta_3 \\ \beta_4 \end{bmatrix}$，$\varepsilon = \begin{bmatrix} \varepsilon_1 \\ \varepsilon_2 \\ \vdots \\ \varepsilon_{25} \end{bmatrix}$

利用最小二乘法，设 k_1、k_2、k_3、k_4 分别是 β_1、β_2、β_3、β_4 的最小二乘估计，回归方程见式（2-65）。

$$\hat{y} = k_0 + k_1x_1 + k_2x_2 + k_3x_3 + k_4x_4 \tag{2-65}$$

式中，$\hat{y}$ 表示统计变量；k_1、k_2、k_3、k_4 为回归系数。

由最小二乘估计原理，得：

$$k = (XX)^{-1}X'Y \tag{2-66}$$

利用软件 Matlab 的 Regress 函数，可解得：$A = -0.3242$，$c_1 = 0.212$，$c_2 = 0.010$，$c_3 = 0.4530$，$c_4 = 0.056$，$c_5 = -0.23$，$c_0 = 0.7231$，将上述结果代入式（2-62）得到式（2-67）：

$$R_a = 0.7231 a_p^{0.212} v_c^{0.010} f_z^{0.4530} a_e^{0.056} r_\varepsilon^{-0.23} \tag{2-67}$$

选取刃口半径为 0.8 的正交实验数据对式（2-67）进行验证，结果见表 2-25，表中 δ_k 为计算值与测量值的绝对误差，Δk 为相对误差，经计算得知计算平均误差为 6.5%，说明模型具有良好的计算精度。

表 2-25 表面粗糙度实验验证表

N	a_p	$X_1 \ln a_p$	v_c	$X_2 \ln v_c$	f_z	$X_3 \ln f_z$	a_e	$X_4 \ln a_e$	r_ε	$X_5 \ln r_\varepsilon$	$R_{a测量}$	$R_{a计算}$	δ_k	$\Delta k / \%$
1	1.4	0.3365	100	4.6052	0.06	-2.8134	11	2.3979	0.8	-0.2231	0.3999	0.378	0.0219	5.5
2	1.4	0.3365	120	4.7875	0.02	-3.9120	8	2.0794	0.8	-0.2231	0.1638	0.169	-0.005	3.1
3	1.4	0.3365	60	4.0943	0.1	-2.3026	14	2.6391	0.8	-0.2231	0.3479	0.391	-0.043	11
4	1	0	80	4.3820	0.02	-3.9120	11	2.3979	0.8	-0.2231	0.1546	0.169	-0.014	8.5
5	1	0	100	4.6052	0.1	-2.3026	5	1.6094	0.8	-0.2231	0.3573	0.362	-0.005	1.3
6	0.6	-0.5108	80	4.3820	0.1	-2.3026	8	2.0794	0.8	-0.2231	0.2825	0.272	0.0105	3.9
7	0.6	-0.5108	100	4.6052	0.02	-3.9120	14	2.6391	0.8	-0.2231	0.1409	0.159	-0.018	11.4
8	0.2	-1.6094	100	4.6052	0.14	-1.9661	8	2.0794	0.8	-0.2231	0.2613	0.244	0.0173	7.1

图 2-66 为利用实验经验模型计算的粗糙度值与实际粗糙度值的比较曲线，从图中可以看出计算曲线可以很好地逼近实际值，该模型有效可靠。

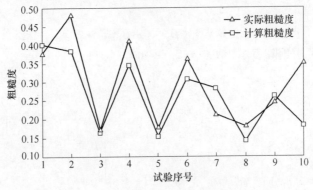

图 2-66 计算粗糙度与实际粗糙度值的比较

从得到的指数经验公式还可得出如下结论：影响表面粗糙度 R_a 最大的因素是每齿进给量 f_z，其次为切削速度 v_c、径向切削深度 a_e、轴向切削深度 a_p，刃口半径 r_e 影响最小，这与极差分析和方差分析的结论是一致的。

2.5.3 基于有限元法的表面加工硬化预测模型

在金属切削加工过程中，已加工表面层中存在着相当大的塑性变形区域，同时伴随有加工硬化现象。表面加工硬化现象可以增强工件表层的疲劳强度和耐磨性，这对不能采用热处理方式来提高强度的一些合金和纯金属有特别重大的意义。然而表面加工硬化现象会导致工件表层产生大量的微观裂纹，从而降低工件抵抗冲击的能力；也会使后续的加工工序变得困难；切削力的增大加剧了刀具的磨损。可见研究表面加工硬化现象对切削加工的影响规律并据此提出合理的切削方案是很有必要的。

2.5.3.1 表面加工硬化预测准则

为方便研究，做出以下设定：（1）工件材料是理想的弹塑性材料，满足各向同性、均匀连续，服从 Von – Mises 屈服准则，材料的塑性行为与时间、温度无关；（2）在整个切削过程中产生的切屑是连续的，产生的切削温度梯度为零；（3）切削模型是满足稳态的平面应变条件的；（4）刀具为刚体；（5）应变能够被分解为塑性应变和弹性应变，且材料的弹性变形规律不会因塑性变形的改变而改变。

由表面加工硬化的形成机理可以知道，当刀具切削工件形成切屑时，材料受到切应力达到其屈服强度，工件材料在前移和滑移的复合作用之下，在剪切线上部将发生复杂的塑性变形。由于本书假定工件材料是理想的弹塑性材料，是满足均匀连续和各向同性要求的，因此位于剪切线上部的塑性变形会传递到剪切线以下。故此在剪切线周围一定范围内会形成一个弹塑性应力应变场。在图 2 – 67 中，曲线 A 和曲线 B 分别为弹塑性应力应变场的等应力线，设其应力值分别为 σ_A 和 σ_B，且有 $\sigma_B > \sigma_A$，其中 σ_A 是工件材料的初始屈服强度。对于工件材料中的某个质点 P，随着刀尖的逐渐逼近，该点的应力值不断增大。到达位置 1 处，P 点处的材料便进入屈服状态。随着 P 点向位置 2 的不断移动，该处塑性流动应力也将不断增大，同时产生加工硬化现象。Drucker 公设[20]认定对处于某一状态的材料质点而言，借助一个外力作用在原有的应力状态上缓慢施加后再卸除一组附加应力，在这样的应力循环当中，外部所做的功是非负的。故而质点 P 在位置 2 以后继续移动时流动应力值减小，且没有加载行为，不会产生新的塑性变形；质点 P 经过位置 1 到达位置 2 所引起的塑性变形做的功和因此导致的加工硬化是整个过程累积形成的，并且是保持恒定不变的[21]。

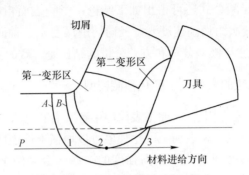

图 2 - 67 弹塑性材料切削变形区

由上面的分析可知，工件表层的加工硬化可以表达成在实际塑性应变路径上积分的所有塑性功的函数，见式（2 - 68）。

$$\begin{cases} \sigma = F(W_p) \\ W_p = \int \dot{\sigma}_{ij} d\dot{\varepsilon}_{ij} \end{cases} \qquad (2-68)$$

式中，$\dot{\sigma}_{ij}$ 为流动应力；$d\dot{\varepsilon}_{ij}$ 为应变偏量的增量。

因此，当进行切削加工时，刀具刃口前方区域内的塑性变形层的深度就等效于工件表面加工层硬化的深度，且等效塑性应力服从于 Von - Mises 屈服准则：

$$f(\sigma_{ij}, k) = \bar{\sigma} - y(k) = 0 \qquad (2-69)$$

式中，$f(\sigma_{ij}, k)$ 为屈服函数；σ_{ij} 为 Euler 应力张量；k 为材料的硬化参数；$\bar{\sigma}$ 为 Von - Mises 等效应力；$y(k)$ 为材料硬化后的屈服极限。

将流动应力 σ_{ij} 看成塑性功的函数：

$$\dot{\sigma}_{ij} = H(\int d\dot{\varepsilon}_{ij}) \qquad (2-70)$$

硬化系数则是硬化曲线的斜率 $\dot{H}$：

$$\dot{H} = \frac{\partial H}{\partial(\int d\dot{\varepsilon}_{ij})} = \frac{d\dot{\sigma}_{ij}}{d\dot{\varepsilon}_{ij}} \qquad (2-71)$$

2.5.3.2 有限元法模型

通常有 3 个指标被用于评价表面加工硬化：表面加工硬化程度 N_H、硬化层深度 h_H 和表面层显微硬度 HV。目前主要采用实验法进行表面加工硬化的研究，缺乏直观的描述和预测方法。本章基于表面加工硬化的形成机理，借助金属的塑性应变流动理论，通过 AdvantEdge 软件仿真钛合金 Ti - 6Al - 4V 铣削加工时的表面加工硬化现象。在进行有限元模拟加工时，表面等效应变值对应于表面显微硬度 HV 的加工硬化程度，工件应变层深度对应于硬化层深度 h_H。仿真结果表明，N_H 随工件材料塑性变形的增大而增大[22]。

A 实验设置

为了研究切削参数（以切削速度、进给速度、轴向切削深度和径向切削深度为代表）和刀具参数（以刃口圆弧半径、刀尖圆弧为代表）对高速铣削钛合金 Ti – 6Al – 4V 材料表面加工硬化的影响，制定了六因素五水平的正交试验表。

为了研究工件初始温度因素对表面加工硬化的影响，制定了使用以无涂层高速钢为材料的刀具的单因素试验方案，方案见表 2 – 26。

表 2 – 26 工件初始温度对表面加工硬化的影响试验方案

切削速度 $V_c/\text{m} \cdot \text{min}^{-1}$	每齿进给量 f_z/mm	切削深度 a_p/mm	切削宽度 a_e/mm	切削长度 /mm	工件初始温度 /℃
110	0.15	1	6.25	6	20, 50, 100, 150, 200, 300

刀具参数设置方案见表 2 – 27。

表 2 – 27 刀具参数设置方案

刀具直径/mm	前角/(°)	后角/(°)	刀尖圆弧半径/mm	刀具材料和涂层
10	5	10	0.02	PCD 刀具、CBN 刀具、无涂层高速钢、TiN/TiC/TiAlN 涂层的高速钢

B 建立有限元模型

对斜角切削模型进行合理简化，建立二维正交有限元切削模型，如图 2 – 68 所示。

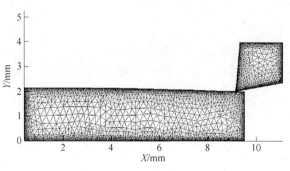

图 2 – 68 二维有限元模型

2.5.3.3 有限元仿真结果分析

建立三维有限元切削模型，分别研究以下六因素对工件表面加工硬化的影响：切削速度 v_c、轴向切削深度 a_p、每齿进给量 f_z、径向切削深度 a_e、刀具前角 γ_0、刀具刃口圆弧半径 r_ε。设置 $v_c = 50\text{m/min}$，$a_p = 1.0\text{mm}$，$a_e = 2.0\text{mm}$，$f_z =$

0.11mm，$r_\varepsilon = 0.05$mm，$\gamma_0 = 10°$进行有限元模拟，其塑性应变和等效应力如图 2-69所示。

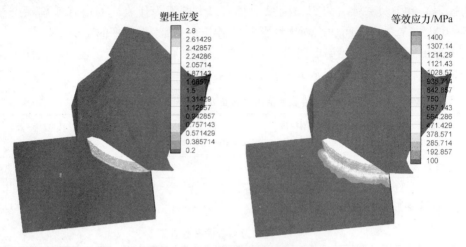

图 2-69　塑性应变与等效应力

等效塑性应变与切削用量以及刀具参数间的关系如图 2-70 所示。

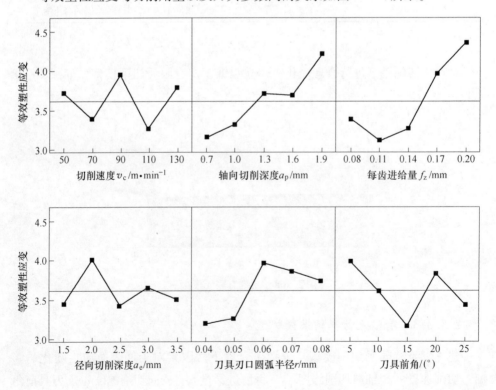

图 2-70　塑性应变与各因素间的关系

切削速度 v_c 对等效塑性应变的影响比较复杂。等效塑性应变先是随着 v_c 的增加而减小，然后随着 v_c 的增加而变大。这是由于塑性应变是在热力耦合作用下形成的，切削热对塑性应变产生的是弱化作用，而切削力对塑性应变产生的是强化作用，两者的效应是相反的。

每齿进给量 f_z 对等效塑性应变的影响也比较复杂。在 f_z 从 0.08mm 增加到 0.11mm 时，塑性应变有略微减小的趋势，而 f_z 从 0.11mm 增加到 0.20mm 时，塑性应变又呈增大趋势。即在 $f_z = 0.11$mm 时，塑性应变最小，同时加工硬化层深度也最小。

等效塑性应变随着轴向切削深度 a_p 的增大而增大。这是由于随着 a_p 的增大，切削力会随之增大，从而导致塑性应变上升，加工硬化层深度也变大。

等效塑性应变随径向切削深度 a_e 的增加而波动变化。随着 a_e 的增加，塑性变形趋于变小，在 $a_e = 2.5$mm 时，塑性变形取得最小值，在 $a_e = 2.0$mm 时，塑性变形取得最大值，即加工硬化层深度也最大。

随着刀具前角 γ_0 的增加，等效塑性应变先减小再增加然后再减小。这是因为刀具前角从 5° 增加到 15°，刀具切割作用更明显，刀具刃口前方对工件材料的挤压和摩擦作用减弱，从而导致塑性变形变小；当刀具前角增加到 20° 时，刀具刃口与工件的接触面积减小，与工件材料间的摩擦作用减弱，单位面积上受到的力增大，从而导致塑性变形变大；当刀具前角继续增加到 25° 时，刀具刃口相对更锋利，对工件材料的挤压和摩擦作用又减弱，塑性变形减小。

随着刀具刃口圆弧半径 r_ε 的增大，等效塑性应变先增大再变小，在 $r_\varepsilon = 0.06$mm 时，等效塑性应变最大。这是因为随着 r_ε 增大，刀具对工件表层的挤压和摩擦作用力变大，从而导致工件材料塑性变形变大；随着 r_ε 继续变大，刀具对工件材料的摩擦和挤压过程产生的热效应开始占据主导地位，从而使塑性变形又减小。

为了研究切削参数（切削速度 v_c、每齿进给量 f_z、轴向切削深度 a_p、径向切削深度 a_e）和刀具参数（前角 γ_0、刃口圆弧半径 r_ε）对塑性应变的影响程度，达到确定各个参数的最优水平、获得最优参数组合的目标，采用极差分析法来研究正交试验方案。分别计算各参数的极差，判断出 f_z 是影响塑性应变的主要因素，其次依次是 a_p、γ_0、r_ε、v_c、a_e。

有研究表明[23]，加工硬化现象的本质是工件表层金属发生大的塑性变形，流动应力增加，导致变形抗力增加。因为塑性变形是在热力耦合效应下产生的，所以研究热效应对加工硬化的影响是必要的。在应用无涂层高速钢刀具且切削参数为 $v_c = 110$m/min、$f_z = 0.15$mm、$a_p = 1$mm、$a_e = 6.5$mm 的条件下，分别切削初始温度为 20℃、50℃、100℃、200℃、300℃ 的工件。以初始温度为 20℃ 和 300℃ 为例，图 2-71 为有限元模拟的塑性应变图，图 2-72 为该条件下的等效应力图。从两组图片中可以直观地看出表面加工硬化程度的变化。

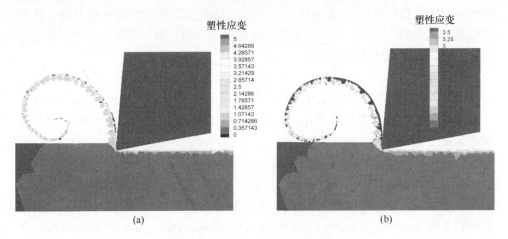

图 2-71 不同温度下的塑性变形
(a) 切削初始温度为 20℃；(b) 切削初始温度为 300℃

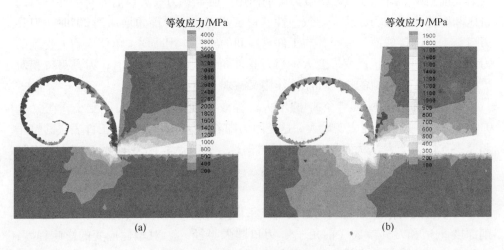

图 2-72 不同温度下的等效应力分布
(a) 切削初始温度为 20℃；(b) 切削初始温度为 3000℃

图 2-73 所示为上述温度条件下的表层最大塑性应变直方图。可以看出，影响表层最大塑性变形最主要的因素是温度，温度的升高会导致表层最大塑性变形减小，加工硬化层深度降低。即提升工件的初始温度能够在很大程度上降低硬化层的深度。图 2-74 所示为不同温度下的最大等效应力图，可以看出，随着工件初始温度的升高，最大等效塑性应力也在减小，工件加工硬化层深度变小。

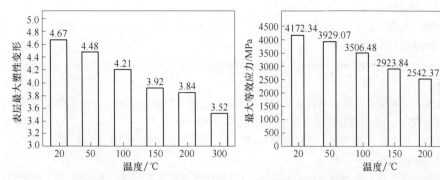

图 2 - 73　不同温度下的表层最大塑性应变　　图 2 - 74　不同温度下的最大等效应力

参 考 文 献

[1] 刘丽娟. 钛合金 Ti - 6Al - 4V 修正本构模型研究及其在高速切削中的应用 [D]. 太原: 太原理工大学, 2013.

[2] 郭丹. 高速铣削中基于正交切削模型的有限元模拟 [D]. 苏州: 苏州大学, 2008.

[3] 刘丽娟, 陆春月, 武文革, 等. 马达支架框体的加工方法: 中国, 2012102278309 [P]. 2014 - 01 - 22.

[4] 金艳丽. 球头刀铣削过程物理仿真的研究 [D]. 河北: 河北工业大学, 2004.

[5] 李忠群. 复杂切削条件高速铣削加工动力学建模、仿真与切削参数优化研究 [D]. 北京: 北京航空航天大学, 2008.

[6] 顾红欣. 高速铣削过程铣削力建模与仿真及实验研究 [D]. 天津: 天津大学, 2006.

[7] Yucesan G B, Altintas Y. Improved modeling of cutting force coefficients in peripheral milling [J]. International Journal of Machine Tools and Manufacture, 1994, 34 (4): 473 ~ 487.

[8] 人见胜人. 制造系统工程 [M]. 北京: 中国农业机械出版社, 1983: 80 ~ 150.

[9] 解可新, 韩立兴, 林友联. 最优化方法 [M]. 天津: 天津大学出版社, 1997: 21 ~ 27.

[10] 刘丽娟, 吕明, 武文革. 高速切削参数优化与数据库系统的研究 [J]. 机床与液压, 2016(01): 37 ~ 40 (已录用).

[11] 刘丽娟. 基于网络的难加工材料高速切削数据库系统的研究与开发 [J]. 制造技术与机床, 2012(06): 64 ~ 67.

[12] 刘丽娟, 许斌. 基于教学的计算机图文管理系统的研究 [J]. 测试技术学报, 2007 (21): 132 ~ 135.

[13] 刘丽娟. 基于 B/S 的数控机床故障诊断系统的开发 [J]. 机械工程自动化, 2014(04): 133 ~ 135.

[14] Liu L J, Wu W G, Lv M. Design of database for high speed cutting of difficult - to - cut materials [J]. Materials Science Forum, 2012(723): 337 ~ 342.

[15] 刘丽娟. 基于神经网络的高速切削智能系统的设计 [J]. 制造业自动化, 2012, 34

(11)：12~15.

[16] 刘丽娟，吕明，武文革．基于 DNC 的高速切削刀具库系统的研究［J］．制造技术与机床，2013(03)：126~130.

[17] Johnson K L，Contact Mechanics［M］．Cambridg；New York：Cambridge University Press，1985.

[18] 武文革，刘丽娟，范鹏，李波．基于响应曲面法的高速铣削 Ti6Al4V 表面粗糙度的预测模型与优化［J］．制造技术与机床，2014，01：39~43.

[19] 刘丽娟，武文革．高速铣削钛合金 Ti–6Al–4V 表面粗糙度模型的研究［J］．机电工程技术，2015(07)：34~37.

[20] 李永池，唐之景，胡秀章．关于 Drucker 公设和塑性本构关系的进一步研究［J］．中国科学技术大学学报，1988(03)：339~346.

[21] 杨继昌，刘伟成．低速正交金属切削中工件表层加工硬化深度的预报［J］．应用科学学报，1995，13(03)：363~367.

[22] 詹斌．基于有限元法的 Ti(C，N) 基金属陶瓷刀具切削质量研究［D］．合肥：合肥工业大学，2007.

[23] 李德宝．金属切削中工件表层加工硬化模拟［J］．工具技术，2003，38(4)：14~16.

3 不同应变速率下钛合金 Ti－6Al－4V 的动态再结晶研究

动态再结晶（dynamic recrystallization，DRX）是纯金属、合金、金属化合物以及非金属等材料在高温高压下易出现的一种微观组织变化，是材料软化的主要途径之一。材料在不同应变速率下均会发生这种微观组织变化，这种变化对材料特别是金属材料在高速切削环境下的性质及形变等都会产生不同程度的影响：它不但影响了材料切屑形态的变化，而且对加工完成后的材料表面完整性影响尤为严重。本章从低应变速率与高应变速率两方面进行系统地研究，阐述了动态再结晶这种现象在钛合金 Ti－6Al－4V 上发生的必然性以及对材料组织的影响程度。

3.1 低应变速率下的动态再结晶——热压缩试验与动力学研究

3.1.1 等温恒应变率压缩试验与微观组织研究

3.1.1.1 等温恒应变率压缩试验

美国 DSI 公司生产的 Gleeble3800 试验机是 Gleeble3000 系列中功能最强大的，可对应力应变、力、位移以及温度等参数进行实时监测。Gleeble3800 热加工模拟试验机主要由通用系统、数控系统、液压闭环伺服系统、液压系统、数据采集与处理系统以及加热与冷却系统等组成，如图 3－1 所示，等温恒应变速率压缩试验就是在这里完成的。

试验材料：钛合金 Ti－6Al－4V，锻坯，差热分析法测得（α＋β）/β 相变点为 995℃，化学成分及物性参数见表 3－1。

表 3－1　钛合金 Ti－6Al－4V 成分与物性参数

元素	C	Si	Fe	Ti	Al	N	V	S	O	H	Y
含量/%	0.11	<0.03	0.18	基体	6.1	0.007	4.0	<0.003	0.11	0.0031	<0.005

密度 /kg·m^{-3}	熔点 /℃	热导率 /W·(m·℃)$^{-1}$	强度极限 /MPa	伸长率 /%	屈服极限 /MPa	弹性模量 /GPa	泊松比	比热容 /J·(kg·℃)$^{-1}$
4430	1668	7.3	950	14.0	820	113.8	0.342	526

材料原始金相组织如图 3－2 所示，α 相平均片层厚度约为 8.5μm，呈集束状分布在较粗大的 β 晶粒内。

图 3 – 1 Gleeble 3800 热加工模拟试验机

图 3 – 2 试验用 Ti – 6Al – 4V 合金

试件制成圆柱体，尺寸为 $\phi 8mm \times 12mm$，端面有 0.2mm 的凹槽，槽内填满特制石墨润滑剂以减小摩擦。

等温恒应变率压缩试验设置见表 3 - 2。

表 3 - 2 等温恒应变率压缩试验设置

变形温度	第一组	815℃	900℃	955℃
	第二组	1000℃	1050℃	1100℃
应变速率		$0.001s^{-1}$, $0.01s^{-1}$, $0.1s^{-1}$, $1s^{-1}$, $10s^{-1}$		
变形量		0.7		

试验过程如下：第一步，将试件进行加热，当达到预定变形温度后，将试件保温 5min；第二步，将压缩保温后的试件变形；第三步，在试件达到要求的变形量后，水冷方式进行冷却，这样可使其显微组织不会发生大的变化。

3.1.1.2 微观组织研究

A 试验设备与方案

MDS 金相显微镜如图 3 - 3 所示，本书所有微观组织研究均在此显微镜下完成，包括本章的热压缩试验试件与高速铣削切屑试件，以及第 4 章中的分离式霍普金森压杆试验（SHPB）试件。

图 3 - 3 微观试验仪器

B 试样制备

第一步，镶嵌。本书中要进行金相组织研究的试件都很小，如 SHPB 试件中，最大的尺寸仅有 $\phi 8mm \times 4mm$，热压缩试件尺寸也仅有 $\phi 8mm \times 12mm$，而切屑试件就更小了。这些小尺寸试件不能使用直接打磨抛光的方法，必须先对试样进行镶嵌。对于 SHPB 试件与热压缩试件，在选择好合适的取样部位后，可利用树脂材料对其进行热镶嵌，如图 3-4 所示，而切屑试样可采用冷镶嵌法进行试件的制备。

图 3-4 热镶嵌法完成的金相试件

第二步，磨光。磨光又可分为水砂纸磨光与抛光两步。先用水砂纸进行试件磨光，从 320 号砂纸开始，从粗到细逐渐更换，共换了 4 组砂纸，最细的砂纸换到 2000 号。在换砂纸时要注意，每换一张要将试件旋转 90°，使试件磨面上仅留一个方向的均匀磨痕；接着，将用水冲洗干净的试样装在有绒布的抛光盘上进行细抛，抛光剂可选用浓度较低、粒度较细的三氧化二铝悬浮液，垂直于试样磨痕进行细抛，直到表面光亮且无缺陷痕迹及污物为止，此时在显微镜下可观察到清晰的组织。

第三步，腐蚀。腐蚀液采用配比为 $10\% \ HF + 5\% \ HNO_3 + 85\% \ H_2O$ 的腐蚀液，将试件浸蚀到腐蚀液中大约 3s，用水洗净，再用无水酒精擦拭表面以消除表面残留物，立即置于金相显微镜下，观测金相组织。

3.1.2 动力学研究

3.1.2.1 应力-应变曲线

高温下的金属易发生变形，其本质是硬化机制与软化机制相互竞争的结果。钛合金 Ti-6Al-4V 在 815~955℃温度范围内等温恒应变速率热压缩试验数据如图 3-5 所示，温度范围在 1000~1100℃之间的热压缩试验数据如图 3-6 所示。

从应力-应变关系曲线中可看出，即使材料形变处于不同的温度范围，但它们具有相同的规律，即在变形量较小时，应变较低，此时的流动应力随应变的增大而线性增大，直到应力与应变都达到峰值；之后，软化现象明显，应力开始随着应变的增大而下降；同时，应变速率的增大导致流动应力升高，而温度的升高则使流动应力降低。

变形初期，位错密度在施加载荷的作用下发生增殖，晶粒开始产生滑移，滑

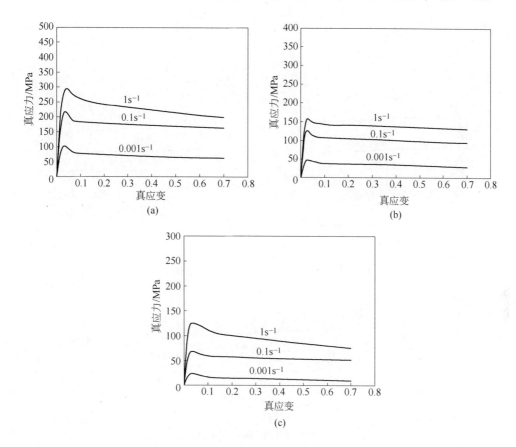

图 3 – 5 815~955℃真应力 – 真应变曲线
(a) 815℃；(b) 900℃；(c) 955℃

移面及其附近晶格扭曲，金属内部产生的残余应力等作用使材料继续塑性变形变得困难，此时材料表现为应变硬化与应变率硬化，随着应变的增加应力线性增大，而软化作用使流动应力的增大斜率逐渐降低[1]。流动应力达到峰值后，位错密度继续增殖，直到达到动态再结晶位错密度时，再结晶晶核形成并逐渐长大，当再结晶晶界扫过时，该区域的位错密度降低，表现为应力随着应变的增大而下降；继续增大应变量，应力降低，速率减小，应力 – 应变曲线下凹，当应变值增大到约为0.7时，曲线基本上呈现稳态流动特征，应力值基本趋于常数。

稳态流变阶段也称为稳定再结晶阶段，此时的应变硬化和动态再结晶软化达到动态平衡，流动应力不再随着应变的增大而发生变化，这时起主导作用的是动态再结晶软化效应和动态回复软化效应。当应变速率不变，温度升高时，先发生动态再结晶软化，继而向动态回复软化转变；而当温度不变，应变速率升高时，流动应力先发生动态回复软化，然后向动态再结晶软化转变。

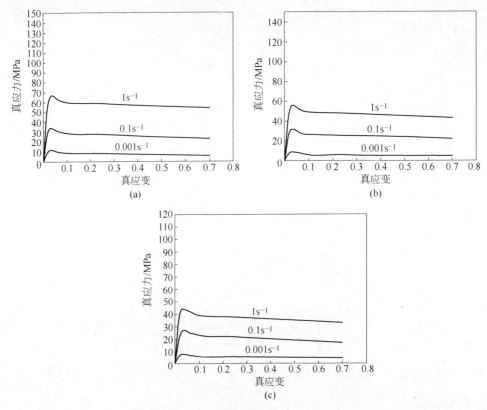

图 3‒6 1000～1100℃真应力‒真应变曲线

(a) 1000℃；(b) 1050℃；(c) 1100℃

3.1.2.2 热变形激活能与 Arrhenius 方程

材料热变形激活能 Q 是表征材料在热变形过程中的重要性能参数，其大小反映了材料在热变形过程中发生位错、回复以及再结晶等微观组织形态变化的难易程度。

热变形激活能 Q 与流动应力、应变率以及温度之间的关系可用 Arrhenius 方程来描述，见式（3‒1）～式（3‒3）。

$$\dot{\varepsilon} = A_1 \sigma^n \exp\left(-\frac{Q}{RT}\right) \qquad 低应力水平(\alpha\sigma < 0.8) \qquad (3\text{-}1)$$

$$\dot{\varepsilon} = A_2 \exp(\beta\sigma)\exp\left(-\frac{Q}{RT}\right) \qquad 高应力水平(\alpha\sigma > 1.2) \qquad (3\text{-}2)$$

$$\dot{\varepsilon} = A\left[\sinh(\alpha\sigma)\right]^m \exp\left(-\frac{Q}{RT}\right) \qquad 所有应力水平 \qquad (3\text{-}3)$$

式中，$\dot{\varepsilon}$ 为应变速率，s^{-1}；σ 为流动应力，MPa；R 为普适气体常数，钛合金

Ti – 6Al – 4V 的 R 取值为 8.31J/(mol · K)；Q 为变形激活能，J/mol；T 为绝对温度，K；α，β，A，A_1，A_2，n，m 为材料常数，且 $\alpha = \beta/n$。

金属材料在热变形过程中是否发生动态再结晶现象主要取决于诸如变形温度、应变速率、应变等关键参数。常用 Z 参数[2] 来表示应变率与温度之间的关系，见式（3 – 4）。当参数 Z 一定时，随着变形量的增大，动态硬化、动态回复、动态再结晶等一系列微观形态变化陆续发生。

$$Z = \dot{\varepsilon} \exp\left(\frac{Q}{RT}\right) \tag{3 – 4}$$

假设热变形激活能 Q 与绝对温度 T 无关，对式（3 – 1）与式（3 – 2）进行变形，并取对数：

$$\dot{\varepsilon} = B\sigma^n \tag{3 – 5}$$
$$\dot{\varepsilon} = B'\exp(\beta\sigma) \tag{3 – 6}$$
$$\ln\dot{\varepsilon} = \ln B + n\ln\sigma \tag{3 – 7}$$
$$\ln\dot{\varepsilon} = \ln B' + \beta\sigma \tag{3 – 8}$$

由钛合金 Ti – 6Al – 4V 应力 – 应变曲线，结合式（3 – 7），可得到低应力水平下的 $\ln\dot{\varepsilon} = f(\ln\sigma)$ 的曲线（见图 3 – 7）。同理，利用式（3 – 8）与应力 – 应变关系，绘制出高应力水平下的 $\ln\dot{\varepsilon} = f(\sigma)$ 关系曲线。

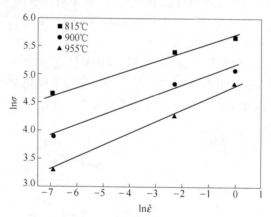

图 3 – 7 峰值应力与应变速率之间的关系

此时，可计算出 n、β、α 的值：

$$n = \frac{\partial\ln\dot{\varepsilon}}{\partial\ln\sigma_p}\bigg|_T = 6.7918$$

$$\beta = \frac{\partial\ln\dot{\varepsilon}}{\partial\sigma_p}\bigg|_T = 0.0461$$

$$\alpha = \frac{\beta}{n} = 0.0068$$

式中，σ_p 为峰值应力。

对于所有应力状态下的 Arrhenius 方程，当变形温度一定时，对式（3－3）两边取对数：

$$\ln\dot{\varepsilon} = (\ln A - \frac{Q}{RT}) + m\ln[\sinh(\alpha\sigma)]$$

进行整理可得到某一温度下的 m：

$$m = \frac{\partial(\ln\dot{\varepsilon})}{\partial\ln[\sinh(\alpha\sigma)]}\bigg|_T \qquad (3-9)$$

当应变率一定时，将式（3－3）进行变换，如式（3－10）所示：

$$\frac{1}{T} = \frac{R}{Q}(\ln A - \ln\dot{\varepsilon}) + \frac{Rm}{Q}\ln[\sinh(\alpha\sigma)] \qquad (3-10)$$

可用式（3－11）来表示某一应变率下的变形热激活能 Q：

$$Q = Rm\frac{\partial\ln[\sinh(\alpha\sigma)]}{\partial(1/T)}\bigg|_{\dot{\varepsilon}} \qquad (3-11)$$

结合 $\ln[\sinh(\alpha\sigma)] = f(\ln\dot{\varepsilon})$ 关系（见图 3－8）与式（3－9）进行计算，可得 $m = 6.538$；假设应变率一定，可通过式（3－10）得到 $1/T = f(\ln[\sinh(\alpha\sigma)])$ 关系曲线，如图 3－9 所示。利用式（3－11）可得到钛合金 Ti－6Al－4V 在 $\alpha+\beta$ 相区内的热变形激活能，计算 Q 值为 330.86kJ/mol，接近文献［3］~［6］提供的数据。查阅国内外文献及手册，可知 α 钛与 β 钛的自扩散激活能分别约为 204kJ/mol 与 166kJ/mol。同理，利用温度范围为 1000 ~ 1050℃内的真应力－应变曲线（见图 3－6），计算出 β 相区的热变形激活能 $Q = 263.77$kJ/mol。可知，材料钛合金 Ti－6Al－4V 的热变形激活能 Q 远大于其自扩散激活能。从理论上讲，此时材料变形是动态回复以外的机制在起作用，材料发生动态再结晶的可能性很大，同时材料还可能发生了相变。

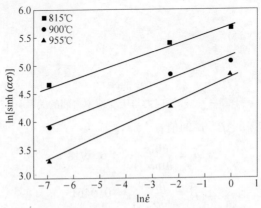

图 3－8　$\ln[\sinh(\alpha\sigma)]$ 与应变率的关系

将计算得到的 Q、m、α 等值代入式（3－3），取平均值，可得 $A = 5.3267 \times 10^{10}$，材料钛合金 Ti－6Al－4V 各水平 Arrhenius 方程可由式（3－12）来表示：

$$\dot{\varepsilon} = 5.3267 \times 10^{10} \times \left[\sinh(0.0068\sigma) \right]^{6.538} \exp\left(-\frac{39815}{T} \right) \qquad (3-12)$$

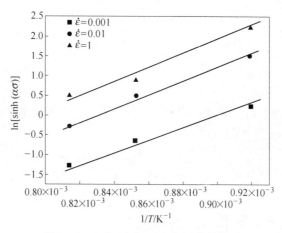

图 3-9 ln[sinh(ασ)] 与温度的关系

变形温度与应变速率对变形的影响程度可用 Zener – Hollomon 因子来表示，见式（3-13）。

$$Z = \dot{\varepsilon}\exp\left(\frac{330860}{RT}\right) = \dot{\varepsilon}\exp(39815/T) \qquad (3-13)$$

不同温度下钛合金 Ti – 6Al – 4V 的 lnZ 关系图如图 3-10 所示。

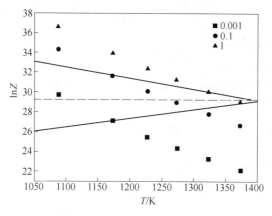

图 3-10 温度与 lnZ 的关系图

可以看出，数据在 lnZ = 29.35 时收敛，Z 值随着温度的升高而线性下降，应变速率的大小是影响 Z 值的敏感因素。当应变速率较小时，温度的剧烈变化不会对 Z 值造成太大的影响。Z 值与应力 σ 之间存在如下关系：

$$Z = A\left[\sinh(\alpha\sigma) \right]^n \qquad (3-14)$$

将式（3-14）中的双曲正弦函数进行分解，可得：

$$\sinh^{-1}(\alpha\sigma) = \ln\left[(\alpha\sigma) + \sqrt{(\alpha\sigma)^2 + 1}\right] \tag{3-15}$$

进一步将式（3-15）进行整理，可得到流动应力与 Z 的函数关系，见式（3-16）。

$$\sigma = \frac{1}{\alpha}\ln\left[\left(\frac{Z}{A}\right)^{\frac{1}{n}} + \sqrt{\left(\frac{Z}{A}\right)^{\frac{2}{n}} + 1}\right] \tag{3-16}$$

将计算得到的 A、α、Z 等值代入式（3-16），可得材料在两相区变形的流动应力本构关系，见式（3-17）。

$$\sigma = 147.0588\ln\left[\left(\frac{Z}{5.3267 \times 10^{10}}\right)^{0.1472} + \sqrt{\left(\frac{Z}{5.3267 \times 10^{10}}\right)^{0.2945} + 1}\right] \tag{3-17}$$

3.1.2.3 动态再结晶晶粒尺寸模型

材料在发生完全动态再结晶之前，变形晶粒与等轴动态再结晶晶粒在组织内共存，此时变形组织的晶粒尺寸是不均匀的。对晶粒尺寸的影响因素有很多，一般可采用平均晶粒尺寸来描述动态再结晶晶粒尺寸的变化规律，进而找出形变过程中对晶粒尺寸影响最大的因素。

式（3-18）为 Sellars 模型[7]，它描述了再结晶稳态晶粒尺寸与 Z 参数之间的关系：

$$D' = b_1 Z^{b_2} \tag{3-18}$$

式中，D' 为再结晶稳态晶粒尺寸；Z 为 Zener-Hollomon 因子；b_1 与 b_2 为材料常数，可对试验数据进行回归计算得到。

应变量是影响动态再结晶过程的敏感因素，可在 Sellars 模型中添加应变影响因子，见式（3-19）。

$$D' = b_1 \varepsilon^{b_2} Z^{b_3} \tag{3-19}$$

式中，b_3 为材料常数。

Yada 模型是 20 世纪 80 年代由 H. Yada 等人提出的一种描述金属再结晶过程的模型。在该模型中，当 $\varepsilon \geq \varepsilon_c$ 时，可用式（3-20）来计算晶粒尺寸：

$$D = b_1 \dot{\varepsilon}^{b_2} \exp\left(\frac{b_3 Q}{RT}\right) \tag{3-20}$$

式中，ε_c 为动态再结晶临界应变。

利用式（3-3），结合材料的应力-应变关系，可拟合得到动态再结晶平均晶粒尺寸模型。对式（3-20）求对数：

$$\ln D = \ln b_1 + b_2 \ln\dot{\varepsilon} + b_3 Q/(RT)$$

经回归分析可得临界应变（见式（3-21））及动态再结晶晶粒尺寸（见式

（3 – 22））。

$$\varepsilon_c = 0.0193\exp\left(\frac{237.0752}{T}\right) \tag{3 – 21}$$

$$D = 39.2142\dot{\varepsilon}^{0.0052}\exp\left(\frac{-20505}{T}\right) \tag{3 – 22}$$

3.1.3 影响钛合金 Ti – 6Al – 4V 动态再结晶程度的因素分析

钛合金 Ti – 6Al – 4V 在热变形过程中易发生软化现象，这种软化行为往往是由于动态回复和动态再结晶等微观组织的变化而引起的。当变形发生在 α + β 相区内时，钛合金 Ti – 6Al – 4V 的金相组织会有很多种形态，不同的温度、不同的应变率都会使材料金相组织产生差异。研究可知，α + β 相区内的流变软化主要是由片状 α 相的动态再结晶引起的；而在 β 相区内产生形变时，可看到细小的等轴动态再结晶晶粒出现在原始 β 晶粒边界上。局部剪切使局部应变梯度及位错亚结构分布不均匀，局部晶界向位错密度高的方向移动。再结晶优先发生在原始 β 晶粒边界上，此时软化行为主要是由于 β 相区的动态再结晶引起的[8]。

3.1.3.1 应变对动态再结晶的影响

材料在形变过程中，变形程度的逐渐增大将导致组织中的位错密度增殖，畸变能升高，易形成亚晶结构，此时更易发生动态再结晶现象。通常认为，当 α 相的长宽比 $L/D \leqslant 3$ 时，材料发生动态再结晶。应变较小时，少量晶粒在原始晶界处析出，开始出现动态再结晶现象；应变逐渐增大，挤压作用下的晶粒逐渐沿着变形方向拉长，在晶界处或交叉点处慢慢出现了大量动态再结晶晶粒。如图 3 – 11（a）所示，当 $\varepsilon = 0.2$ 时，材料发生部分动态再结晶，一定数量的动态再结晶晶粒在晶界处开始出现；随着加大材料变形程度，再结晶体积分数随之提高，再结晶晶粒逐渐取代了初始晶粒；应变量继续增大，原始晶粒完全被新生的再结晶晶粒取而代之，Ti – 6Al – 4V 发生了完全动态再结晶，此时达到了硬化与软化的动态平衡，流动应力不再随着变形量的增大而发生变化，此时流动应力趋于稳态。如图 3 – 11（b）所示，当 $\varepsilon = 0.7$ 时，材料发生动态再结晶程度加大，并逐渐趋于稳态。整个微观形态变化过程与热压缩试验应力 – 应变关系数据接近。

3.1.3.2 变形温度对动态再结晶的影响

变形温度是材料发生动态再结晶程度的最大影响因素之一。高温使原子迁移与扩散运动的速度加快，回复程度加大，同时降低了材料内部的畸变能，驱动再结晶的能力降低；同时，高的变形温度使晶界迁移能力增强，缩短了再结晶现象发生的时间，再结晶的形核率及晶界迁移速率均很快[9]。图 3 – 12 描述了温度对材料 Ti – 6Al – 4V 发生动态再结晶的影响程度。

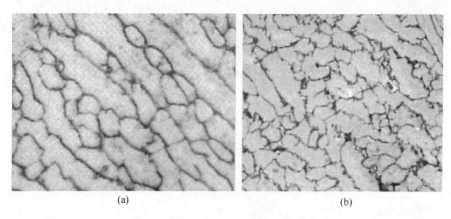

(a)   (b)

图 3－11　应变对动态再结晶的影响

(a) $\varepsilon = 0.2$；(b) $\varepsilon = 0.7$

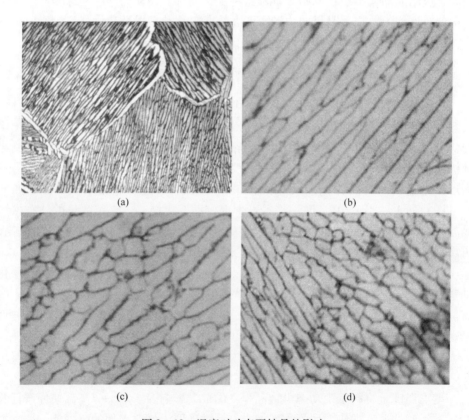

图 3－12　温度对动态再结晶的影响

（a）试验用材料原始金相；（b）变形温度为815℃；（c）变形温度为900℃；（d）变形温度为955℃

如图 3－12（b）所示，当变形温度 $T = 815℃$ 时再结晶现象发生不明显。钛合金 Ti – 6Al – 4V 组织内晶粒变化不大，初生 α 相晶粒保持着良好的等轴性，晶粒略有长大却不太明显。当变形温度 $T = 900℃$ 时，如图 3 – 12（c）所示，钛合金 Ti – 6Al – 4V 发生部分动态再结晶，α 相晶粒尺寸明显增大，晶粒沿着变形方向被拉长，在晶界处开始出现了细小的等轴组织。当变形温度进一步升高到 $T = 955℃$ 时，如图 3 – 12（d）所示，晶粒继续长大，在相界处出现了大量的细小的等轴组织，此时动态再结晶现象非常明显。温度的升高促进了材料动态再结晶的发生，其动态再结晶程度越大，材料再结晶软化效应越明显。

3.1.3.3　应变速率对动态再结晶的影响

应变速率的增大往往会降低材料发生动态再结晶的程度，900℃下 Ti – 6Al – 4V 不同应变速率下的显微组织如图 3 – 13 所示。当 $\dot{\varepsilon} = 0.001s^{-1}$ 时，如图 3 – 13(a)所示，此时材料内部晶粒约有 3/5 发生了再结晶等轴化现象。应变速率增大，畸变能增大，发生形变的时间缩短致使变形区内的晶粒变化并不明显，即动态再结晶晶粒和再结晶体积分数随着应变速率的升高而降低了，等轴化程度也随之降低，在越来越短的时间内，再结晶程度越来越小，材料难以完成全部动态再结晶，表现为应变率硬化效应。如图 3 – 13(b) 所示，当应变率 $\dot{\varepsilon} = 10s^{-1}$ 时，金相组织与原始金相非常接近，再结晶等轴化程度很不明显。

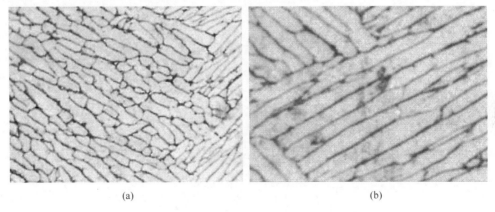

(a)　　　　　　　　　　　　　　　　(b)

图 3 – 13　应变速率对再结晶的影响

（a）应变速率为 $0.001s^{-1}$ 的金相；（b）应变速率为 $10s^{-1}$ 的金相

3.2　高应变速率下的动态再结晶——高速铣削试验与切屑形态研究

钛合金 Ti – 6Al – 4V 在低应变速率下会出现动态再结晶现象，在高应变速率下也会出现这种材料组织变化。为了证明材料在高速切削下会发生动态再结晶现象，这里对高速铣削钛合金 Ti – 6Al – 4V 试验进行了分析，研究了高应变速率下绝热剪切带的形成过程及动态再结晶现象发生的规律。高速铣削试验为分析动态再结晶现象提供了铣削切屑试样,为建立动态再结晶软化效应、切削力、表面粗糙度等因素之间的关系提供了试验数据支持。

3.2.1 钛合金 Ti－6Al－4V 铣削试验

3.2.1.1 试验设备

使用逆铣方式对钛合金 Ti－6Al－4V 进行高速平面铣削,所选用设备与仪器见表 3－3。

表 3－3 高速铣削试验设备选取

仪器设备	型 号	参 数	设备对应图
机床	哈斯 VF－3	主电机功率 22.4kW,主轴最高转速 12000r/min	图 3－14
铣刀	陕硬 Y330 铣刀	硬质合金直柄 3 齿立铣刀,前角 5°,螺旋角 30°	图 3－14
工件	钛合金 Ti－6Al－4V	100mm×30mm×60mm 的立方体	图 3－15
测力仪	瑞士 Kistler9257A	三向分力 F_X, F_Y, F_Z 测量,三通道,USB 接口	图 3－16、图 3－17
表面粗糙度仪	JB－5C 轮廓仪	测量范围纵向 600μm、横向 100μm;取样长度 0.08mm、0.25mm、0.8mm、2.5mm、8mm;最小显示值 0.001μm	图 3－18

图 3－14 刀具与机床

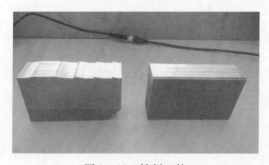

图 3－15 铣削工件

图 3 – 16　Kistler9257A 测力仪

图 3 – 17 为 Kistler9257A 测力系统示意图。

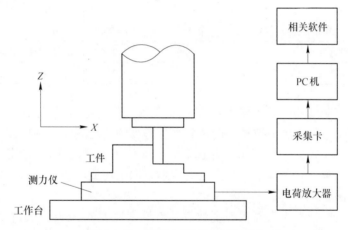

图 3 – 17　切削力测试系统示意图

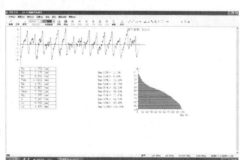

图 3 – 18　JB – 5C 表面粗糙度仪与数据采集界面

3.2.1.2 试验方案与结果分析

铣削试验的单因素参数设置见表 3-4。

表 3-4 单因素铣削试验参数

铣 削 参 数	水 平 值
铣削速度 v_c/m·min^{-1}	20、40、60、80、100、120
每齿进给量 f_z/mm	0.05、0.08、0.11、0.14、0.17
铣削深度 a_c/mm	0.4、0.7、1.0、1.3、1.6
铣削宽度 a_e/mm	1.0、1.5、2.0、2.5、3.0

单因素试验设置方案见表 3-5。

表 3-5 单因素试验设置

切 削 用 量	第一组	第二组	第三组	第四组
铣削速度 v_c/m·min^{-1}	20~120	120	120	120
每齿进给量 f_z/mm	0.11	0.05~0.17	0.11	0.11
切削深度 a_c/mm	1.0	1.0	0.4~1.6	1.0
切削宽度 a_e/mm	2.0	2.0	2.0	1.0~3.0

为了研究铣削速度 v_c、铣削深度 a_c、铣削宽度 a_e、每齿进给量 f_z 在选取水平范围内变化时的铣削力波动情况及表面粗糙度的变化规律，利用测力仪分别测量 X 向、Y 向和 Z 向的铣削力，并选取其最大值 F_X、F_Y、F_Z，采用表面粗糙度轮廓仪多次测量不同条件下的表面粗糙度值，取平均值。各参数对表面粗糙度的影响规律如图 3-19 所示。

切削速度较低时，表面粗糙度数值随着铣削速度 v_c 的升高而降低，R_a 值由铣削速度 20m/min 时的 1.31μm 降低到铣削速度 80m/min 时的 0.9μm。随着铣削速度 v_c 的升高，塑性变形产生的高温高压促进了材料在绝热剪切带内动态再结晶现象的发生，剪切内可能同时发生了相变，材料软化明显，使得塑性变形程度降低，表面粗糙度 R_a 值减小；然而当铣削速度继续增大到 100m/min 时，R_a 没有降低反而增大。这是因为钛合金 Ti-6Al-4V 的导热率低，刀具热磨损随着加工的进行而加剧，工件表面局部温升剧烈，在一定范围内抵消了由于材料软化造成粗糙度值减小的趋势，表面粗糙度 R_a 值升高；随着铣削速度的继续升高，大部分热量由切屑带走，材料表面的温度升高趋势降低，表面粗糙度值 R_a 再次减小。

每齿进给量 f_z 是表面粗糙度 R_a 的主要影响因素。由图 3-19（d）可知，表面粗糙度 R_a 随着进给量的增大而呈现出一种近乎线性增加的趋势，与常规材料

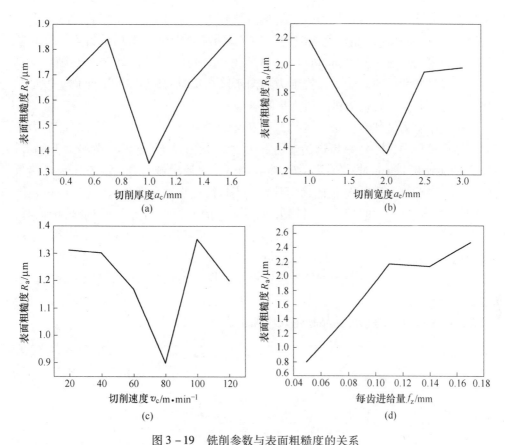

图 3 – 19 铣削参数与表面粗糙度的关系

（a）切削厚度的影响；（b）切削宽度的影响；（c）切削速度的影响；（d）每齿进给量的影响

切削规律一致。

铣削深度 a_c 对表面粗糙度 R_a 的影响不显著。切削深度的增大没有带来表面粗糙度 R_a 的明显变化，在较小的切削深度参数范围内，铣削深度对表面粗糙度的变化影响很小。所以在实际加工钛合金时，可以通过增大切削深度的方式来提高加工效率。

铣削宽度 a_e 对表面粗糙度的影响比铣削深度 a_c 要明显。随着铣削宽度的增大，表面粗糙度 R_a 有显著减小的变化趋势；当 $a_e = 2\text{mm}$ 时，表面粗糙度值达到最低，之后表面粗糙度 R_a 随着铣削宽度 a_e 的增大而增加。

铣削速度 v_c、每齿进给量 f_z、铣削宽度 a_e 及铣削深度 a_c 对铣削力变化影响也很大，如图 3 – 20 ~ 图 3 – 23 所示。

图 3 – 20 为铣削力随铣削速度 v_c 变化的波动规律。铣削开始时，随着铣削速度的增大，X 向的铣削力 F_X 升高，铣削力 F_X 在 $v_c = 80\text{m/min}$ 时达到最大值 70.47N；随后，随着铣削速度 v_c 的继续增大，大量的切削热没有足够的时间向

外传递，聚集在绝热剪切带内，使绝热剪切带中心区域发生了动态再结晶现象，切削力 F_X 在动态再结晶软化效应的作用下逐渐开始降低。Y 向的铣削力变化趋势与 X 向相似，在 $v_c = 80\text{m/min}$ 时，铣削力 F_Y 达到最大值 229.67N，随后在动态再结晶的软化效应影响下，铣削力逐渐下降；Z 向的铣削力 F_Z 变化呈波动趋势，整体变化很小，最大极差值为 9.81N。

图 3 – 21 为铣削力在每齿进给量 f_z 影响下的变化情况。在铣削钛合金 Ti – 6Al – 4V 过程中，随着每齿进给量 f_z 的增大，铣削力 F_X 整体呈缓慢上升趋势，当 f_z 增加到 0.11mm 时，铣削力 F_X 略有降低，之后缓慢上升。随着每齿进给量 f_z 的升高，Y 向铣削力 F_Y 整体趋于升高，当每齿进给量 f_z 在 0.05 ~ 0.11mm 范围内增大时，铣削力增幅较小，当每齿进给量 f_z 增大到 0.11 ~ 0.17mm 范围内时，铣削力随着 f_z 增大而急剧升高。Z 向铣削力 F_Z 随每齿进给量的增大整体呈小幅上升趋势。分析可知，随着每齿进给量 f_z 的增大，X、Y、Z 三个方向上的铣削力都呈增大趋势，这是由于随着每齿进给量 f_z 的增加，铣刀每一转去除材料的体积增加，塑性变形阻力升高，各方向的铣削力都呈增大趋势。适当的降低每齿进给量 f_z，可使材料的动态再结晶软化效应加剧，铣削力下降。

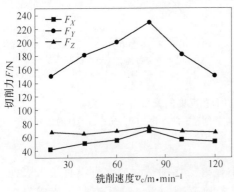
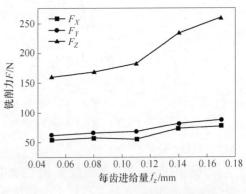

图 3 – 20　铣削力随铣削速度的变化　　　图 3 – 21　铣削力随每齿进给量的变化

图 3 – 22 为铣削力随铣削宽度 a_e 的变化情况。随着铣削宽度 a_e 的增大，X 向的铣削力 F_X 一直呈增大趋势；铣削力 F_Y 在铣削宽度 a_e 小于 1.5mm 时，平缓升高，而当 a_e 大于 1.5mm 时，铣削力出现急剧增大的现象；随着铣削宽度 a_e 的增大，铣削力 F_Z 先增大后减小，在铣削宽度 a_e 为 2.5mm 时，达到最大值 70.78N，随后有逐渐降低的趋势。

图 3 – 23 为铣削力随铣削深度 a_c 的变化情况。X 向铣削力 F_X 随着铣削深度 a_c 的升高呈增大趋势，当铣削深度 a_c 增大到 1.3mm 时，铣削力 F_X 呈略微降低趋势；随着铣削深度 a_c 的增大，铣削力 F_Y 线性增大；Z 向铣削力 F_Z 变化幅度不大，其值随着铣削深度 a_c 的变化在小范围内波动。

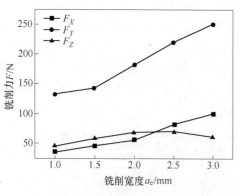 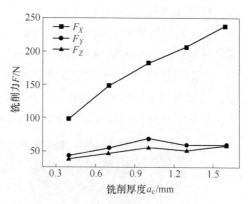

图 3 – 22　铣削力随铣削宽度的变化　　　　图 3 – 23　铣削力随铣削深度的变化

3.2.2　切屑形态分析

3.2.2.1　试验设备

选用 KEYENCE VHX – Z5000 数码显微镜来观察铣削试验中的切屑形态，如图 3 – 24 所示。该数码显微镜具有快捷的实时深度合成与 3D 功能，放大倍数最大可达 5000 倍，包括 5400 万像素的相机、15inLCD 显示器以及容量高达 160G 的嵌入式硬盘。

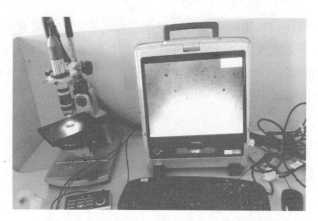

图 3 – 24　KEYENCE VHX – Z5000 数码显微镜

3.2.2.2　切屑试样制备

此次试验的主要目的是观测切屑的锯齿化形态，必须使切屑垂直嵌入镶嵌材料内，热压镶嵌法很难完成对切屑的精准定位，故冷镶嵌法较为适宜，这里选用亚克力粉与固化剂完成对切屑试件的制备。为保证切屑能够垂直嵌入镶嵌材料内，且考虑到打磨的原因，因此对于切屑放入镶嵌材料内的位置和时间要特别注意。需在冷镶嵌材料即将凝结时，通过镊子将切屑垂直插进镶嵌材料的表面，使镶嵌材料表面与切屑的厚度方向基本重合，这样当材料完全固化时，切屑垂直镶嵌在冷镶嵌材料的表面。在完成切屑的镶嵌后，同样需要对试件进行打磨和腐蚀，以便观测切屑形态与金相组织的变形情况。对单因素试验的切屑全部取样制备，制备完成的切屑金相试件如图 3‑25 所示。

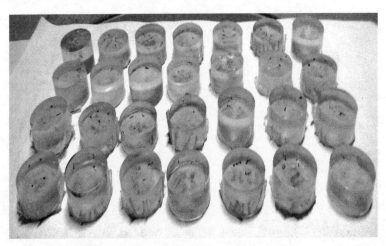

图 3‑25　铣削试验部分切屑金相试件

图 3‑26 展示了不同切削速度下的铣削试验切屑实物以及对应的切屑金相试件。图 3‑26(a) 为低速情况下的切屑实物，其切削条件为：$v_c = 40\text{m/min}$，$a_c = 1\text{mm}$，$a_e = 2.5\text{mm}$，$f_z = 0.17\text{mm}$；图 3‑26(b) 为高速情况下的切屑实物，其切削条件为：$v_c = 100\text{m/min}$，$a_c = 1\text{mm}$，$a_e = 2\text{mm}$，$f_z = 0.08\text{mm}$，图 3‑26(c) 为部分切屑金相试件。

3.2.2.3　切屑形态分析

高速铣削钛合金 Ti‑6Al‑4V 将会产生锯齿形切屑，这是因为热软化效应强于应变硬化效应，造成局部剪切变形，最终形成绝热剪切带[10,11]。高速铣削的典型特征就是会发生绝热剪切，从而形成锯齿形切屑。

钛合金 Ti‑6Al‑4V 在相对较低的铣削速度也会产生锯齿形切屑，主要原因是主剪切区的剪切失稳和应变集中。由于钛合金 Ti‑6Al‑4V 导热性能差，塑性变形能转化的热量主要集中在主剪切区而没有向外扩散出去，因此剪切带内温度升高很快，形成了绝热剪切带，在高温与高压的作用下易发生动态再结晶现象，其剧烈的软化效应使材料发生变形更加容易。软化效应超过应变硬化效应时易发生剪切失稳，材料承载能力降低，致使位于主剪切区上方的材料呈楔状向前向上

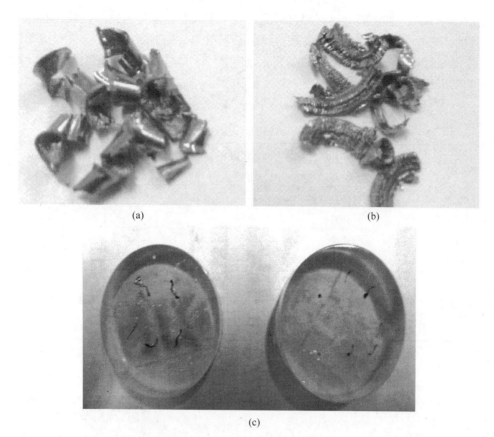

(a)   (b)

(c)

图 3 - 26　铣削试验切屑与对应试件
（a）低速切屑；（b）高速切屑；（c）切屑对应试件

移动。当这些材料移动到一定程度，强剪切作用使当前楔块和前一楔块的接触面积迅速减小，就形成了锯齿状切屑。

　　形成锯齿形切屑的根本原因是切削速度[12]。当切削速度增大到某一临界值时，破坏了热对流、热传导与热产生速率三者之间的动态平衡状态，从而形成了锯齿形切屑。M. A. Davies 提出，使用无量纲参数 q 表示产生热的速率，λ 表示导热速率（见式（3 - 23）与式（3 - 24）），热塑性失稳发生在 $q > \lambda$ 时，并将产生锯齿形切屑。

$$q = \delta_\tau / (\rho c \theta_0) \qquad (3 - 23)$$
$$\lambda = k / (\rho c v \tan\beta_0 a_c) \qquad (3 - 24)$$

式中，δ_τ 为材料剪切强度；θ_0 为环境温度；c 为比热容；k 为导热系数；a_c 为切削厚度；ρ 为材料密度；β_0 为刀楔角；v 为切削速度。

　　使用硬质合金刀具铣削钛合金 Ti - 6Al - 4V，若铣削速度小于 50m/min，此时更易形成带状切屑；铣削速度的升高使切屑形态由带状转变为锯齿状；当铣削速度继续升高，带内温度迅速提升，此时发生了动态回复与再结晶现象，材料内部组织改变，周围基体的冷却作用使这种材料组织变化类似于快速淬火，剪切区内由形变带转变为转变带。再结晶软化效应加快了材料的热塑性失稳，从而使切屑的变形程度增强[13]。

表 3 – 6 为研究切屑形态与切削条件等关系的铣削单因素试验分组情况。

表 3 – 6 铣削单因素试验分组

组别切削用量	铣削速度 $v_c/\text{m} \cdot \text{min}^{-1}$	每齿进给量 f_z/mm	切削深度 a_c/mm	切削宽度 a_e/mm
第1组 ~ 第5组	100	0.11	0.4 ~ 1.6	2.0
第6组 ~ 第10组	100	0.11	1.0	1.0 ~ 3.0
第11组 ~ 第13组	100	0.08 ~ 0.17	1.0	2.0
第14组 ~ 第18组	20 ~ 100	0.11	1.0	2.0

表 3 – 7 列出了不同铣削条件下的表面粗糙度、切削力和切屑形态对比情况。

表 3 – 7 不同切削条件下的切屑形态及其对应的切削力与表面粗糙度

序号	v_c /m·min^{-1}	a_c /mm	a_e /mm	f_z /mm	R_a /μm	F_X /N	F_Y /N	F_Z /N	切屑形态图
1	100	0.4	2	0.11	1.678	37.88	98.09	43.19	
2	100	0.7	2	0.11	1.842	45.99	147.9	54.87	
3	100	1	2	0.11	2.165	55.88	182.34	68.68	

序号	v_c /m·min^{-1}	a_c /mm	a_e /mm	f_z /mm	R_a /μm	F_X /N	F_Y /N	F_Z /N	切屑形态图
4	100	1.3	2	0.11	1.67	50.65	206.71	58.34	
5	100	1.6	2	0.11	1.85	57.76	238.72	58.99	
6	100	1	1	0.11	2.18	35.17	132.65	45.94	
7	100	1	1.5	0.11	1.68	45.29	142.47	57.78	
8	100	1	2	0.11	1.35	55.88	182.34	68.68	
9	100	1	2.5	0.11	1.95	81.62	220.19	70.78	

序号	v_c /m·min^{-1}	a_c /mm	a_e /mm	f_z /mm	R_a /μm	F_X /N	F_Y /N	F_Z /N	切屑形态图
10	100	1	3	0.11	1.98	100.47	250.64	61.43	10.00μm
11	100	1	2	0.08	1.43	58.10	167.83	64.99	10.00μm
12	100	1	2	0.11	1.35	55.88	182.34	68.68	10.00μm
13	100	1	2	0.17	2.47	76.76	260.52	87.34	10.00μm
14	20	1	2	0.11	1.31	42.12	150.55	67.72	10.00μm
15	40	1	2	0.11	1.30	50.37	180.86	65.11	10.00μm

序号	v_c /m·min^{-1}	a_c /mm	a_e /mm	f_z /mm	R_a /μm	F_X /N	F_Y /N	F_Z /N	切屑形态图
16	60	1	2	0.11	1.17	55.83	200.19	68.20	10.00μm
17	80	1	2	0.11	1.90	70.47	229.67	74.92	10.00μm
18	100	1	2	0.11	1.35	55.88	182.34	68.68	10.00μm

分析可知,切削速度、每齿进给量、切削深度以及切削宽度等切削用量对切屑的形态影响非常显著,特别是切削速度对切屑形态的影响是最大的。当以低于 60m/min 的切削速度进行加工时,切屑的形状往往是带状的;当切削速度在 20 ~ 40m/min 范围内切削时,带状切屑的带状宽度随着切削速度的增大呈减小的趋势。低速下的切削过程较平稳,刀具的振动幅度较小,切削力波动很小,已加工表面的粗糙度较小;当切削速度增大到 60m/min 时,开始出现锯齿形切屑,此切削速度下的锯齿呈现均匀、平坦、规则的特征,此切削速度下刀具也没有出现较大的振动;当切削速度继续升高到 80m/min 时,出现不规整锯齿切屑,锯齿边缘有较小的分叉,大齿、小齿相间排列,表明此切削速度下刀具有较明显的振动;当切削速度高达 100m/min 时,切屑的锯齿形状很不规整,大齿、小齿相间排列,部分锯齿边缘有分叉,此时刀具有剧烈振动。

切削厚度 a_c 由 0.4mm 增大到 1.6mm 时,切屑的齿距呈增大趋势,切削力同样呈增大趋势,表面粗糙度波动不大;在每齿进给量 f_z 由小至大变化过程中,若

$f_z < 0.11$ mm，切削力平稳升高，之后大幅度上升。随着每齿进给量 f_z 的增大，表面粗糙度逐渐升高，切屑的齿距随之小幅度增大；切屑的齿距随着切削宽度 a_e 的增大而增大，但切削宽度 a_e 不是影响切屑形态的主要原因。

可以看出，铣削速度 v_c 是影响铣削钛合金 Ti – 6Al – 4V 切屑形态的最重要因素。在整个铣削过程中，有三种切屑形态出现：带状切屑、锯齿状切屑和临界锯齿状切屑，临界锯齿状切屑是带状切屑和锯齿状切屑之间的一种特殊过渡形态，如图 3 – 27 所示。

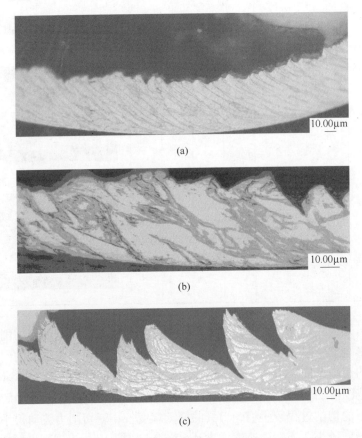

图 3 – 27　不同切削速度下的铣削 Ti – 6Al – 4V 切屑形态变化
(a) 带状切屑；(b) 临界锯齿状切屑；(c) 锯齿状切屑

图 3 – 27(a) 所示的切屑为带状切屑，它是在铣削速度为 40m/min、每齿进给量为 0.11mm、铣削深度为 1mm、铣削宽度为 2mm 的条件下产生的。这时的铣削速度比较低，切屑长度方向上厚度几乎无变化，切屑的上下表面光滑均匀，切屑内以均匀滑移式的形式发生变形，切屑内晶粒被拉长，变形十分均匀，没有发生局部变形集中化现象。图 3 – 27(b) 所示切屑为在切削速度增大至 55m/min、

其他切削条件不变的情况下产生的。此切削条件下产生了临界锯齿形切屑，发生了绝热剪切现象，变形集中在非常窄的剪切带内，能够看出剪切带内滑移线分布十分密集，沿着剪切区的方向材料的组织被拉成细条状，整个剪切带区内都经历了剧烈塑性变形。如图 3-27(c) 所示，当切削速度增大到 110m/min 时，切屑形态呈现锯齿状，切屑厚度方向上产生了周期性的起伏波动变化，切屑内的变形很不均匀，齿深变小了，齿宽变窄了，滑移线很密集且很短，剪切带内材料组织有细化的趋势，带间距与带宽都变窄了，带中心产生了非变形的细化组织，由形变带转变为转变带。转变带内的材料组织更加细小，隐约可以看到细小的点状形态，很明显，在转变带内发生了动态再结晶现象。基体屑块呈梯形，屑块内可以看到晶粒拉长扭曲，但并没有发生组织的转变。基体屑块由变形极大的绝热剪切带——分割开来，并沿着锯齿倾斜角呈现出周期性变化。当切削速度继续提高，切屑内出现裂纹，裂纹顺着绝热剪切带的边缘由齿根向切屑底部扩展，产生断屑。

当切屑由临界锯齿切屑向锯齿形切屑转变时，剪切带内的变形程度是不相同的。在临界锯齿屑内，剪切带的存在形式是形变带；然而在锯齿形切屑内，剪切带中心的材料组织已经由形变带转为转变带。尽管形变带与转变带都存在于绝热剪切带 ASB 内，且都是因为剪切变形局部化后产生的形态转变，但是从形成机理上来看，它们存在着本质的区别。由切屑的金相图可看出，在剪切区内变形非常集中，热塑性失稳形成了变形十分集中的窄带，但形变带内无组织转变的特征。随着切削速度继续提高，形变带内的变形将更集中，带宽更窄，但带内组织始终保持变形组织的特征；进一步提高切削速度，剪切带内温度迅速升高，形变带转为转变带，此时可能发生了动态回复与再结晶，材料组织发生了变化，开始细化。

3.2.3 切屑变形

3.2.3.1 切屑变形程度

切屑的变形主要受到切削速度、每齿进给量、切削宽度以及切削深度等切削用量的影响。当切削速度较低时，整个切削过程中切屑变形都十分均匀；当切削速度较高时，切屑变形大部分集中在绝热剪切带，切屑基体内变形程度很小。若切削速度小于临界切削速度，切屑呈现带状；若切削速度大于临界切削速度，切屑开始出现锯齿状。

通常用切屑变形系数（切屑厚度比）ξ 或切削比（切削长度比）r_c 来表示带状切屑的变形程度，见式（3-25）与式（3-26）。

$$\xi = a_{ch}/a_c \tag{3-25}$$

$$r_c = a_c/a_{ch} = l_{ch}/l_c \tag{3-26}$$

式中，a_{ch} 为平均切屑厚度；a_c 为切削厚度；l_c 为切削长度；l_{ch} 为切屑长度。

由切屑变形系数公式可以看出，对于带状切屑来说，由于切屑内发生了塑性变形，切屑厚度总是比切削厚度大，所以总有 $\xi > 1$；切屑变形系数 ξ 值越大或切削比 r_c 值越小，表明切屑内变形程度越高。切削厚度 a_c 是已知的，通过对显微尺寸的测量，可以获得平均切屑厚度 a_{ch}。因此，不同切削条件下切屑的变形程度可由切屑变形系数 ξ 或切削比 r_c 来度量。

随着切削速度的升高，切屑变形系数 ξ 减小并且逐渐接近1，切屑内的变形程度在不断地降低；进一步提高切削速度到临界切削速度时，切屑形态由带状转变为锯齿状，锯齿形切屑的平均切屑厚度小于切削厚度，切屑变形系数 ξ 开始呈现小于1的情况，即切屑内发生了负变形，这显然不符合切屑变形系数 ξ 的定义。为了度量这种情况下锯齿形切屑的变形程度，可采用当量厚度法或切屑称重法来估算锯齿形切屑的平均厚度[14]。

锯齿形切屑的变形程度可由锯齿化程度 G_s 来表示，见式（3-27）。

$$G_s = (H - h)/H \tag{3-27}$$

式中，H 为最大齿深；h 为最小齿深。

如图 3-28 所示，表示切屑形态的主要参数有最大齿深 H、齿宽 L、最小齿深 h 与锯齿倾斜角 α。

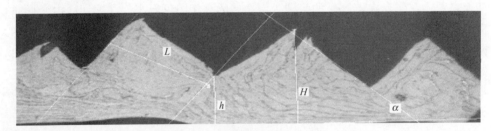

图 3-28 锯齿形切屑中的参数

在切屑较平稳部位或锯齿排列较为规律处取 10 个位置求取平均值，获得带状切屑平均厚度及锯齿形切屑的锯齿化参数。经过测量与计算，可得切削参数对切屑锯齿化程度的影响情况，如图 3-29 所示。

由图 3-29(a) 可以看出，当切削速度达到 60m/min 时，锯齿形切屑出现，且随着切削速度的逐渐升高，大量的热来不及向外传递而集中在绝热剪切带内，产生的动态再结晶软化效应使材料发生塑性变形越来越容易，切屑变形程度显著增大；当切削速度增大到 80m/min 时，切削过程变得稳定，锯齿化程度平缓上升，并渐渐接近1。降低每齿进给量、切削厚度或切削宽度时，都会使阻止材料变形的力降低，从而使切屑的锯齿化程度 G_s 增大。反之，若提高这三个切削要素，材料产生变形所需的力将增大，所以材料发生变形的程度减小，切屑的锯齿化程度 G_s 降低。但是对于切屑的锯齿化程度 G_s 而言，这三个因素的影响程度不

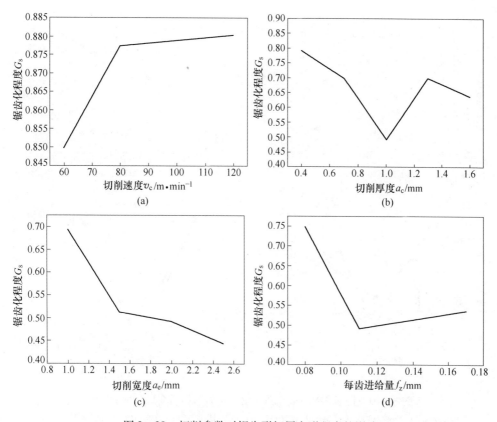

图3-29 切削参数对锯齿形切屑变形程度的影响

(a) 切削速度的影响;(b) 切削深度的影响;(c) 切削宽度的影响;(d) 每齿进给量的影响

及切削速度大。特别是切削深度和每齿进给量,当切削深度 a_c = 1.0mm 或每齿进给量 f_z = 0.11mm 时,锯齿化程度在达到最小值后有一个上升的趋势,这是由于切削速度对锯齿化程度的影响比这两个切削要素要大很多,此时动态再结晶软化效应强于材料的硬化效应,热塑性失稳增强,锯齿化程度上升。

3.2.3.2 切屑变形与表面粗糙度

由3.2.3.1小节分析可知,动态再结晶软化效应对切屑变形程度的影响非常大,以下将切削加工后的工件表面粗糙度与切屑的锯齿化程度联系起来进行系统地分析,进一步验证动态再结晶软化效应在高速铣削加工中的重要性。图3-30所示为切削参数对表面粗糙度及锯齿形切屑变形程度的影响情况。

当切削速度在60~80m/min范围内变动时,绝热剪切带中的动态再结晶软化效应作用突出。由于此时的切削速度比较低,切削力和塑性变形都比较小,后刀面对分流点下方塑性变形区域的金属起到了很好的"熨烫"作用,表面粗糙度

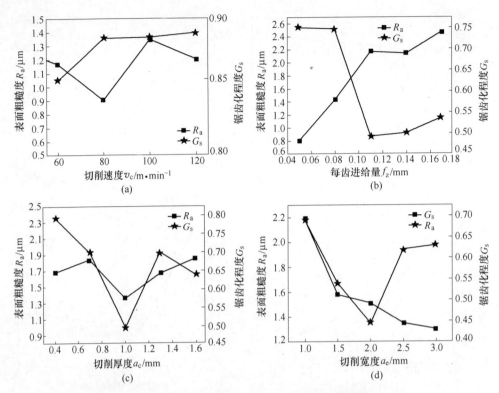

图 3-30 切削参数对表面粗糙度及锯齿形切屑变形程度的影响
(a) 切削速度的影响；(b) 每齿进给量的影响；(c) 切削厚度的影响；(d) 切削宽度的影响

降低。与此同时，由于动态再结晶软化效应促进了热塑性失稳，切屑的锯齿化程度变大；随着切削速度的增大，当以高于 80m/min 的速度进行铣削时，切削温度迅速升高，材料的热软化效应增强，切屑的锯齿化程度增大，刀具发生振动，致使表面粗糙度增大。另外，由于切削温度很高，金属发生微熔现象并沿着刀具的微细沟槽产生了塑性流动，黏附于已加工表面上，表面粗糙度急剧增加；当切削速度大于 120m/min 时，由切屑带走了大量热量，温度降低，已加工表面粗糙度逐渐开始下降，动态再结晶软化效应缓慢增强，锯齿化程度缓慢增大，并逐渐趋于平稳。

随着每齿进给量 f_z 的增大，已加工表面的表面粗糙度值呈线性升高。已加工表面理论粗糙度值主要由进给量和刀尖圆弧半径决定。切削过程中，刀具的刀尖圆弧半径是定值，那么粗糙度的理论值主要受每齿进给量 f_z 的影响；每齿进给量 f_z 的增大代表增加了切屑厚度，切削过程中的排屑干涉作用增强，则切削自由度下降；与此同时，已加工表面在形成过程中，由于剪切、撕裂等作用，致使表面缺陷增多，表面粗糙度值显著增大；加工硬化作用随着进给量的增大逐渐占据了主导地位，动态再结晶软化效应不强烈，阻止材料变形所需的力迅速上升，在已加工表面粗糙度值上升的同时，切屑的锯齿化程度大大降低。当每齿进给量 f_z 大于 0.11 时，已加工表面粗糙度与切屑的锯齿化程度波动变化都不大。

表面粗糙度 R_a 值随着切削深度 a_c 的增大一直在上下波动，当切削深度 a_c 为 0.7mm 时，测量所得的表面粗糙度值与 a_c 为 1.6mm 时测得的值基本相同。在此切削条件下，切削深度 a_c 对表面粗糙度 R_a 的影响并不是很大。当切削深度 a_c 为 0.7mm 时，表面粗糙度 R_a 值较高，这是因为较大的切削深度会使切削力大幅度上升，加工硬化显著，且加工硬化程度不均匀，致使材料塑性变形不一致，从而使表面粗糙度 R_a 值增大，此时动态再结晶软化效应比较弱，切屑的锯齿化程度呈现下降趋势；也就是说，切削深度 a_c 对切屑的锯齿化程度影响并不显著，影响趋势与对表面粗糙度的影响趋势相似。

同样地，切削宽度 a_e 对已加工表面粗糙度以及切屑变形的影响程度都不大。随着切削宽度的增加，表面粗糙度一直在上下波动。当切削宽度 a_e 为 2.0mm 时，表面粗糙度值最小；随后，随着切削宽度的增大，加工硬化不均匀致使工件材料表面粗糙度值增大，动态再结晶软化作用较弱，切屑的锯齿化程度大幅度降低。

综上所述，高速铣削钛合金 Ti-6Al-4V 时，动态再结晶软化效应对已加工表面粗糙度与切屑变形的影响都是很大的。高速铣削加工过程中，若动态再结晶的软化效应增强，会加快材料的剪切带发生热塑性失稳现象，切屑的变形程度加剧，切屑的锯齿化程度过大又将导致刀具发生振动，致使表面粗糙度值增加。而当切削速度超过 120m/min 时，动态再结晶现象发生频率上升，切屑的锯齿化程度增大，断屑能力增强，可以得到较低的表面粗糙度；当加工硬化效应强于动态再结晶效应时，切屑的锯齿化程度降低，但是由于切削力增大了，切削自由程度降低，剪切带间距与带宽的增大，断屑能力减弱，导致表面缺陷增多，表面粗糙度值升高。分析可知，在高速铣削过程中，动态再结晶软化效应不仅制约着切削过程中的切削力和切屑变形程度，而且也是已加工表面粗糙度值的一个重要影响因素。

3.2.4 绝热剪切带

3.2.4.1 绝热剪切带理论计算模型

当应变速率较低时，不会发生绝热剪切现象。这是因为切削热有足够的时间向外扩散，试件上各部分的热量基本是均匀分布的。当应变速率较高时，产生的切削热没有足够的时间释放，再加之材料导热性差等原因，产生的热量易集中在一个狭窄的带中，即绝热剪切带。Wright 和 Ockendon[15] 及 Dinzart 和 Molinari[16] 于 20 世纪末建立了 Wright-Ockendon 模型，确定并验证了有限厚度层中绝热剪切带宽度的大小。Wright-Ockendon 模型基于摄动分析的理论，研究了摄动波长主模与最小剪切带间距之间的关系，建立了绝热剪切带宽度的理论计算模型。假设剪切区的宽度比剪切带的厚度大很多，剪切带在剪切区内部产生，且剪切带宽度与剪切区宽度之间没有直接关系。剪切变形以某一速率 v 施加在剪切区上。绝热剪切带宽度 S 与剪切变形速率 v 的关系见式（3-28）。

$$S = \frac{6\sqrt{2mk\theta_0}}{va\tau_0} \qquad (3-28)$$

式中，m 为应变率敏感系数；a 为热软化系数；k 为热导率；θ_0 为初始温度；τ_0 为剪切滑移抗力。

切屑主要是在第一变形区内通过剪切过程形成的，那么第一变形区就相当于模型中厚度为 $2h$ 的剪切区，分别用 v_{s0} 和 v_{s1} 表示切削速度 v_c 和切屑速度 v_{ch} 沿第一变形区切向方向上的剪切分量。当切削在绝热剪切带产生之后的较高切削速度范围内进行时，切削速度对剪切角的影响较小。高速铣削时，切削速度与剪切变形区两侧的速度差值成正比，见式（3-29）。

$$v_{s0} - v_{s1} = v_c \cos\gamma_0 / \cos(\phi - \gamma_0) \qquad (3-29)$$

式中，ϕ 为剪切角；γ_0 为刀具前角。

假设第一变形区内的应变速率是均匀的，那么应变率的平均值 $\dot{\gamma}$ 可通过式（3-30）来表示：

$$\dot{\gamma} = \frac{v_{s1} - v_{s0}}{2h} \qquad (3-30)$$

剪切速度 v 表示如下：

$$v = \frac{v_{s0} - v_{s1}}{2}$$

式（3-31）表示了绝热剪切带的宽度：

$$S = \frac{12\sqrt{2mk\theta_0}\cos(\phi - \gamma_0)}{v_c a\tau_0 \cos\gamma_0} \qquad (3-31)$$

式（3-31）表示切削厚度 a_c 为定值的情况下，切削速度 v_c 和绝热剪切带宽度 S 之间的关系。可知，绝热剪切带宽度 S 与切削速度 v_c 大致上成反比。高速切削下的绝热剪切带宽度 S 可简化为式（3-32）：

$$S \approx A/v_c \qquad (3-32)$$

式中，A 为与材料性质相关的常数。

Wrigh、Ockendon 与 Molinari 利用式（3-33）描述了绝热剪切带间距 L 和平均应变率 $\dot{\gamma}$ 之间的关系：

$$L = 2\pi \left[\frac{m^2 kc(1-a)^2 \theta_0^2}{(1+1/m)\beta^2 (\dot{\gamma})^3 \tau_0 a^2} \right]^{\frac{1}{4}} \qquad (3-33)$$

式中，β 为转化系数，一般取 1；c 为比热容，这里取值为 526J/(kg·℃)。

整理式（3 – 33）可得到绝热剪切带间距 L 与切削速度 v_c 之间的近似关系，见式（3 – 34）。

$$L \approx B v_c^{-\frac{3}{4}} \tag{3 – 34}$$

式中，v_c 为切削速度；L 为绝热剪切带间距；B 为材料性质常数。

式（3 – 35）为摩擦参数 μ 的表达式[17]，也可通过文献［18］来确定摩擦参数 μ，见式（3 – 36）。

$$\mu(\theta) = 0.41 - 0.103(\theta - 25)/1000 \tag{3 – 35}$$

$$\mu = \frac{F_c \tan\gamma_0 + F_T}{F_c - F_T \tan\gamma_0} \tag{3 – 36}$$

由 Merchant 剪切角公式 $\phi = \pi/4 - (\beta - \gamma_0)/2$ 及关系式 $\tan\beta = \mu$，能够得到剪切角的值，将它代入式（3 – 31），可计算得到绝热剪切带的宽度 S。

整理计算结果与试验值，可获得不同切削条件下的绝热剪切带 ASB 宽度与间距的关系，如图 3 – 31～图 3 – 34 所示。切削速度对绝热剪切带宽度与间距的影响最大。ASB 宽度与间距都随着切削速度的增大而下降，这与前面的理论分析是一致的，即随着切削速度的增大，剪切带内的热量来不及向外扩散，大量的热量促进了剪切带内动态再结晶软化现象的发生，绝热剪切带产生，切屑的锯齿化程度增强，ASB 宽度和间距都大幅度降低。

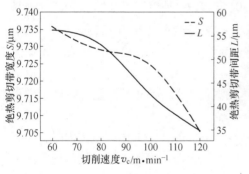

图 3 – 31 不同切削速度下的 ASB 宽度
和间距的关系

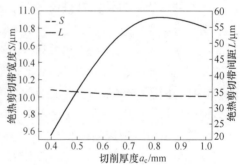

图 3 – 32 不同切削厚度下的 ASB 宽度
和间距的关系

切削厚度和每齿进给量对 ASB 的宽度影响都比较大。由于增大切削厚度或每齿进给量都会使材料变形更加困难，此时硬化效应占主导地位，再结晶软化发生频率降低，ASB 的间距增大；切削厚度和每齿进给量对绝热剪切带宽度的影响都不大，关系曲线平稳；切削宽度对绝热剪切带的影响最小，由图可得，不论是绝热剪切带宽度还是间距，曲线都比较平滑，所以在切削过程中可以忽略切削宽度对 ASB 的影响。

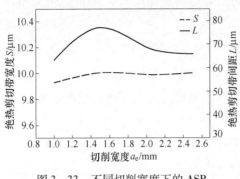

图 3-33 不同切削宽度下的 ASB
宽度和间距的关系

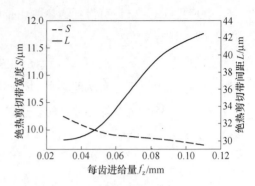

图 3-34 不同每齿进给量下的 ASB
宽度和间距的关系

将试验数据代入式（3-32）和式（3-34），拟合计算得到 $A \approx 687$，$B \approx 2.0 \times 10^3$，绝热剪切带 ASB 的宽度和间距的经验公式见式（3-37）与式（3-38）。

$$S \approx 687/v_c \qquad (3-37)$$

$$L \approx 2.0 \times 10^3 \times v_c^{-\frac{3}{4}} \qquad (3-38)$$

3.2.4.2 绝热剪切中的动态再结晶

A 绝热剪切带内的再结晶理论

由文献 [19] 可知，材料在 $0.4T_m \sim 0.5T_m$（T_m 是熔点温度）温度范围内易发生动态再结晶现象。可知钛合金 Ti-6Al-4V 的熔点大约为 1922K，则再结晶温度约 500~690℃，即当绝热剪切带内温度高于 550℃时，可能已经发生了动态再结晶现象。钛合金 Ti-6Al-4V 剪切带的应变由 1.25 升高到 2.85，剪切应力由 680MPa 下降至 400MPa，此时剪切带内的温度大约为 630℃，已经发生动态再结晶现象，材料内的再结晶软化效应非常明显。

由等温恒应变率压缩试验可知，当材料处于 850~955℃温度范围内时，动态再结晶现象有可能发生；当温度升高到 1000℃以上时，发生动态再结晶现象的可能性增大，再加上可能发生的相变，材料的软化现象非常显著。这里对动态再结晶原理机制进行探讨，研究绝热剪切内的动态再结晶现象。

取绝热剪切带中心区内向差较大的超细等轴晶粒为再结晶组织，这些晶粒非常细小且耐腐蚀，可在光学显微镜下观测到，呈现为亮白带。Hines 等人[20]在晶体塑性理论的基础上提出了亚晶旋转力学模型，可以解释绝热剪切带内的再结晶过程。Derby[21]在研究力学机制的旋转式再结晶时，建立了应力水平与再结晶晶粒的大小间的关系，见式（3-39）。

$$\frac{\sigma\delta}{\mu b} = K \qquad (3-39)$$

式中，σ 为剪切区的剪切应力 τ；δ 为再结晶晶粒大小；b 为柏格斯矢量，取值 3.0×10^{-10}m；μ 为弹性剪模量，取值 4.5×10^4MPa；K 为材料常数，金属材料约为 10。

由段春争的锯齿形切屑正交切削模型可知，高速切削钛合金 Ti – 6Al – 4V 过程中的平均剪切应力由式（3 – 40）或式（3 – 41）估算：

$$\tau = \frac{\sin\beta}{(H - h/2)a_e}[F_c\sin(\beta - \gamma_0) - F_T\cos(\beta - \gamma_0)] \tag{3 – 40}$$

$$\tau = \frac{2H\cos\gamma_0}{(2H - h)a_e(H^2 + a_c^2 - 2Ha_c\sin\gamma_0)}[(a_c\sin\gamma_0 - H)F_c - a_c\cos\gamma_0 F_T] \tag{3 – 41}$$

式中，a_e 为切削宽度；a_c 为切削厚度；F_c 为主切削力；F_T 为垂直切削力；γ_0 为刀具前角；h 为锯齿高度；H 为切屑高度；β 为绝热剪切带与切屑底边的夹角。

锯齿形切屑的剪切带内部是绝热的，故剪应变可通过式（3 – 42）进行估算：

$$\gamma = \frac{h\sqrt{H^2 + a_c^2 - 2Ha_c\sin\gamma_0}}{HS\cos\gamma_0} \tag{3 – 42}$$

式中，S 为绝热剪切带的平均宽度。

正交切削下，式（3 – 39）中的外加应力 σ 即为式（3 – 40）或式（3 – 41）中的平均剪切应力 τ，进而可计算得到正交切削情况下再结晶晶粒的大小，剪切应力与绝热剪切带内再结晶晶粒的大小成反比。

变形初期，晶粒界面处的晶格发生严重扭曲，表面附近变形变得困难。由于晶粒尺寸减小，使得单位体积内晶粒数目增多，单位面积内晶界数目也增多，难变形区面积所占比例增大，晶界畸变、晶界不同取向等因素也导致了材料断裂强度与变形抗力的增大，即材料发生加工硬化；当变形量增大时，温度快速提高，原子沿晶界快速扩散，晶界在高温下有一定的黏滞性，这种黏滞性对变形的阻力大幅度减弱；温度进一步升高，原子之间结合力减小，晶粒尺寸变得细小，单位体积内晶界面积增大，晶界之间的黏滞性作用增强，则应力软化现象更加显著。随着切削速度的提高，变形增大，热量难以扩散出去，再结晶现象情况越来越显著，软化效应增强。

B　绝热剪切带内的动态再结晶

高速铣削钛合金 Ti – 6Al – 4V 时，绝热剪切带 ASB 内发生了再结晶软化现象。这里结合试验数据，利用得到的 ASB 形成时间、带内温度，并计算绝热剪切带内的温度冷却至室温所需要的时间，只要证明了 ASB 变形速度比冷却速度快，即说明在绝热剪切带中心发生了动态再结晶现象。

当 $\dot{\varepsilon} > 10^3 \mathrm{s}^{-1}$ 时，剪切变形过程即可视为绝热过程，通过绝热温升公式计算绝热剪切带内最高温度，见式（3 – 43）。

$$\Delta T = T - T_0 = \frac{\eta}{\rho c_k}\int_{\varepsilon_s}^{\varepsilon_e}\sigma\mathrm{d}\varepsilon \tag{3 – 43}$$

式中，c_k 为比热容，20℃下为 526J/(kg·℃)；ρ 为材料密度，钛合金 Ti－6Al－4V 密度为 4430kg/m³；η 为功热转换系数，一般认为塑性变形功 90%～95% 转化成热量，故取值 $\eta = 0.9$。

对应力－应变关系曲线进行分割，可得 $\Delta\varepsilon_i$ 内的面积 S_i：

$$S_1 = \frac{\Delta\varepsilon_1(\sigma_1 + \sigma_2)}{2}, S_2 = \frac{\Delta\varepsilon_2(\sigma_2 + \sigma_3)}{2}, S_3 = \frac{\Delta\varepsilon_3(\sigma_3 + \sigma_4)}{2}, \cdots$$

代入式（3－43），可得：

$$\Delta T_{max} = \frac{\eta}{\rho c_k} \sum S_i \qquad (3-44)$$

将应力－应变试验数据代入式（3－44），可获得不同变形条件下绝热剪切带 ASB 的温升情况。如在正交切削下，还可根据剪切带的微观尺寸，利用式（3－45）估算绝热剪切带的温度：

$$\theta = \frac{\eta\gamma\tau}{\rho c_k} + \theta_0 \qquad (3-45)$$

式中，θ_0 为室温。

将式（3－41）表示的平均剪切力代入式（3－45），可得：

$$\theta = \frac{0.77 \times 10^{-6} h}{(2H - h)Sa_c}\left[\frac{F_c(H - a_c\sin\gamma_0) - F_T a_c\cos\gamma_0}{\sqrt{H^2 + a_c^2 - 2Ha_c\sin\gamma_0}}\right] + 20 \qquad (3-46)$$

式（3－44）与式（3－46）均可用来计算 ASB 内的温升情况，可根据使用场合进行选用。切削条件：刀具前角为 5°，切削速度为 120m/min，切削深度为 1mm，切削宽度为 2mm，计算得绝热剪切带内的最高温度为 780.6℃，通过淬火金相法测出该炉次合金的相变点是 995℃，绝热剪切带在剪切变形过程中温度并没有达到相变温度 995℃，绝热剪切带中心区域有典型的再结晶特征。

再结晶组织变化是晶粒在机械碎化、亚晶粗化以及晶界迁移的共同作用下形成的。变形开始时，剪切区内的晶粒受到剪切力和压力，晶粒在力的共同作用下沿着剪切方向被严重拉伸，生成了拉长的变形晶粒，与周围晶粒相比，剪切带中心的晶粒变形程度非常显著；变形进一步进行，亚晶粒逐渐变为细小的等轴晶粒；变形结束后，材料进入冷却阶段，位错攀移、亚晶界上的异号位错相互抵消，大角度晶界形成，亚晶粗化。

高速铣削 Ti－6Al－4V 切屑的绝热剪切带中心处位错密度非常低，形成了大角度晶界，可观测到有直径约为 0.2μm 的等轴细晶粒；绝热剪切带中心处可观察到被严重拉伸的晶粒，存在由位错胞组成的亚晶；而基体上的变形量及微观组织变化均很小。由大角度晶界、细小的等轴晶粒、晶内位错密度低等特征，可知 ASB 中心区域已发生了再结晶。

再结晶分静态再结晶与动态再结晶两大类。静态再结晶是在变形结束后的冷却过程中发生的，而动态再结晶是与变形一起发生的。高速铣削钛合金

Ti - 6Al - 4V 时，绝热剪切带内的冷却速率较高，通常大于 $10^5\mathrm{K/s}$。可通过式 (3 - 47) 计算绝热剪切带的形成时间[22]：

$$t = \frac{\dfrac{(L + a_c/\cos\gamma_0)\sin\alpha}{\cos(\alpha - \gamma_0)} - \dfrac{H}{\cos\gamma_0}}{v} \tag{3 - 47}$$

式中，L 为锯齿间距；a_c 为切削厚度；γ_0 为刀具前角，5°；α 为锯齿倾斜角；H 为切屑高度；v 为切削速度。

切削条件：切削速度为 120m/min，刀具前角为 5°，切削宽度为 2mm，切削深度为 1mm，结合高速铣削 Ti - 6Al - 4V 切屑微观尺寸，计算得到绝热剪切带的形成时间约为 0.6ms，利用式（3 - 44）得出绝热剪切带的温度约为 780.6℃，那么绝热剪切带温度降至室温大约需 10.5ms。很明显，绝热剪切带冷却速度远远低于其变形速度，可知 ASB 中心区域发生了动态再结晶。表 3 - 8 为部分切削条件下的切屑微观尺寸及计算的绝热剪切带形成时间。

表 3 -8　部分切削条件下的切屑微观尺寸及绝热剪切带形成时间

切削速度 $v_c/\mathrm{m \cdot min^{-1}}$	60	80	100	120
切削厚度 a_c/mm	1	1	1	1
切屑高度 $H/\mathrm{\mu m}$	71.2	129	58.08	145.35
锯齿高度 $h/\mathrm{\mu m}$	10.7	15.83	19.25	17.4
锯齿倾斜角 $\alpha/(°)$	34.85	46.44	35.1	55.21
锯齿间距 $L/\mathrm{\mu m}$	56.22	87.81	34.77	93.07
绝热剪切带形成时间 t/ms	0.62	0.69	0.38	0.6

金属变形通常是由位错运动引起的，位错运动特征是滑移、攀移以及交滑移。变形初期，位错快速增殖，由位错滑移造成的正负位错抵消程度不足；随着位错密度的进一步增大，出现加工硬化现象，而且硬化效应占主导地位，材料应力急剧上升；随着位错密度继续增大，当材料应力增至动态再结晶的临界位错密度时，再结晶晶核形成，再结晶晶界扫过的区域位错密度减小，出现再结晶软化现象。由于高速切削产生的切屑是在再结晶温度附近变形的，因此存在动态再结晶与动态回复，流动应力对应变速率的敏感程度随变形温度的改变而改变。

C　钛合金 Ti - 6Al - 4V 微观组织分析

钛合金 Ti - 6Al - 4V 是 α + β 两相钛合金，其中 α 相为密排六方体结构 (hcp)，β 相为体心立方结构 (bcc)。高速切削过程中，随着切削条件的改变，如提高切削速度，材料将会发生软化现象。研究表明，导致流动软化的主要原因有绝热变形的温升效应、流动失稳、相形态的变化、动态再结晶与动态回复等。当钛合金 Ti - 6Al - 4V 温度升高至相变温度 995℃时，材料发生相变 α→β，材料材质发生变化，此时金属更容易发生塑性变形，所需应力降低。这是由于塑性变形所需要的能量取决于最小滑移距离，α 相的最小滑移距离 $b_{\alpha min} = 1a$（a 为各自晶胞的点阵常数），β 相的最小滑移距离 $b_{\beta min} = 0.87a$，可见当发生 α→β 相变时，金属更容易变形，相变发生后 β 相增多，并且相变时相的溶解、析出和聚集以及原子的扩散使变形拉长的 β 相逐渐转变为 α 晶粒周围的小岛。材料发生应力软化的另一个原因是材料在高速切削状态下发生了动态再结晶现象。Ding 与 Guo 的研究表明，材料经历高应变过程时，应变软化的主要原因是动态再结晶。材料随着应变的增加逐渐恢复应变硬化行为，当应变值大于临界应变值时，流动应力又开始逐渐降低，渐渐进入平衡状态。

高速铣削钛合金 Ti -6Al -4V 时，绝热剪切带内易发生绝热温升，高温高压促使应变率增大，变形时间缩短，大量热集中在带中心。材料局部绝热温升引起的热软化效应超过了其塑性应变硬化效应，加快了本构的失稳，材料变形高度局部化。随着应变速率的升高，绝热剪切带减小，慢慢形成裂纹，直至断裂，如图 3 -35 所示。

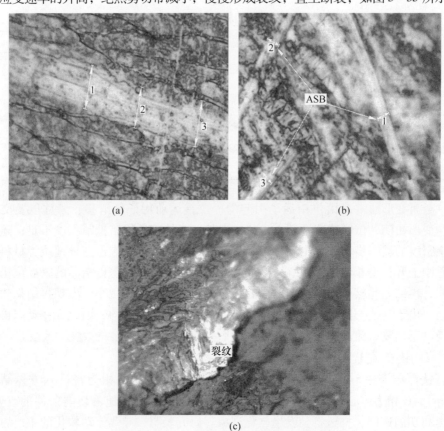

(a)   (b)

(c)

图 3 -35 不同应变率下的绝热剪切带

(a) 应变速率为 5397s^{-1}；(b) 应变速率为 8766s^{-1}；(c) 裂纹示意图

图 3 – 35（a）为应变速率为 $5397s^{-1}$ 下的绝热剪切带，其宽度大约为 $9.47\mu m$；当应变率增大到 $8766s^{-1}$ 时（见图 3 – 35（b）），绝热剪切带 ASB 宽度减小到 $3.58\mu m$，甚至在有些区域出现裂纹（见图 3 – 35（c））。

变形初期，在剪应力局部化的作用下，绝热剪切带内的晶粒逐渐拉长并碎化；随着应变率提高，带内组织的变化历程是不同的。片层组织中 α 层片碎化程度明显，在绝热剪切带中心区域出现了等轴低位错密度的 α 晶粒，这里可能已经发生了动态再结晶现象。当应变低于 1 时，随着应变率的升高，单位时间内应变加大，流动应力随之增大，材料具有应变率敏感效应；高速铣削钛合金时的应变率非常高，应变也很大，切屑上的应变可达 4 以上，此时绝热剪切带的间距非常小，带内冷却速度远远小于绝热剪切带的生成速度，当绝热温升增至相变点时，相变与动态再结晶有可能同时发生，而在降温冷却过程中，再结晶组织将保留下来，带内晶粒细化。图 3 – 36 所示为切屑中的绝热剪切带。

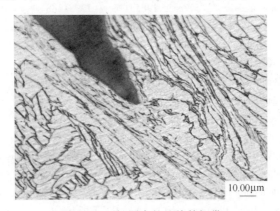

图 3 – 36　切屑中的绝热剪切带

综上所述，绝热剪切带的微观组织演变，是在金属塑性变形、相变、再结晶以及元素扩散等多种机制共同作用下形成的。在高速切削过程中，动态再结晶是应力软化的最主要原因之一，当通过有限元软件对高速切削过程进行仿真时，必须考虑再结晶软化效应。

参 考 文 献

[1] 刘丽娟，吕明，武文革. 钛合金 Ti – 6Al – 4V 热变形中的动态再结晶研究 [J]. 热加工工艺，2014，12（24）：1 ~ 6.
[2] 韩冬峰，郑子樵，等. 高强可焊 2195 铝 – 锂合金热压缩变形的流变应力 [J]. 中国有色金属学报，2004，14（12）：2090 ~ 2095.
[3] Sheppard T，Norley J. Deformation characteristics of Ti – 6Al – 4V [J]. Mater. Sci. Technol.，1988（4）：903 ~ 908.

[4] Bryant W A. Correlation of data on the hot deformation of Ti－6Al－4V [J]. Journal of Materials Science, 1975 (10): 1793~1797.

[5] Sastry S M L, Lederich R J, Mackay T L, Kerr W R. Super plastic forming characterization of titanium alloys [J]. J. Metals., 1983: 48~53.

[6] Kim Y W, Boyer R R. Microstructure: Property Relationships in Titanium Aluminides and Alloys [M]. TMS, Warrendale, PA, 1991: 605~622.

[7] Tarnura I, Sekina H, Tanaka T, et al. Therrnornechanical Processing of High－strength Low－alloy Steels [M]. London: Butterworth & Co. (Publishers) Ltd., 1988.

[8] 薛克敏, 张青, 李萍, 等. β21S 钛合金高温变形行为研究 [J]. 材料工程, 2008 (4): 1~4.

[9] Tan M J, Chen G W, Thiruvarudchelvan S. High temperature deformation in Ti－5Al－2.5Sn alloy [J]. Joural of Material Processing Technology, 2007: 192~193.

[10] Komanduri R, Turkovich B F V. New observations on the mechanism of chip formation when machining titanium alloys [J]. Wear, 1981 (69): 179~188.

[11] Barry J, Byrne G, Lennon D. Observations on chip formation and acoustic emission in machining Ti－6Al－4V alloy [J]. International Journal of Machine Tools and Manufacture, 2001 (41): 1055~1070.

[12] Davies M A, Burns T J, Evans C J. On the dynamics of chip formation in machining hard metals [J]. Annals of the CIRP, 1997 (46): 25~30.

[13] 刘丽娟, 吕明, 武文革, 祝锡晶. 高速铣削钛合金 Ti－6Al－4V 切屑形态试验研究 [J]. 机械工程学报, 2015, 51 (3): 196~205.

[14] Bally J, Byme G, Lennon D. Obsevration on chip formation and acoustic emission in machinnig Ti－6Al－4V alloy [J]. Intl. J. Mach. Tools and Manufacture, 2001, 41: 1055~1070.

[15] Wright T W, Ockendon H. A scaling law for the effect of inertia on the formation of adiabatic shear bands [J]. Int. J. Plasticity, 1996, 12: 927~934.

[16] Dinzart F, Molinari A. Structure of adiabatic shear bands in thermo－viscoplastic materials [J]. Eur. J. Mec, A/Solids, 1998, 17: 923.

[17] 王晓琴. 钛合金 Ti6Al4V 高效切削刀具摩擦磨损特性及刀具寿命研究 [D]. 济南: 山东大学, 2009.

[18] Sutter G, Molinari A. Analysis of the cutting force components and friction in high speed machining [J]. Journal of Manufacturing Science and Engineering, 2005 (127): 245~251.

[19] Liao S C, Duffy J. Adiabatic shear bands in a Ti－6Al－4V titanium alloy [J]. J Mech Phys Solids, 1998, 46: 2201.

[20] Hines J A, Vecchio S K, Ahzi S. A model for microstructure evolution in adiabatic shear bands [J]. Metall Mater. Trans., 1998, 29A: 191~202.

[21] Derby B. The dependence of grain size on stress during dynamic recrystallization [J]. Acta Metall. Mater. 1991, 39: 955~962.

[22] Sun S, Brandt M, Dargusch M S. Characteristics of cutting forces and chip formation in machining of titanium alloys [J]. International Journal of Machine Tools and Manufacture, 2009, 49 (7-8): 561~568.

4 钛合金 **Ti‒6Al‒4V** 考虑再结晶软化的材料本构模型研究

通过对高速铣削钛合金 Ti‒6Al‒4V 切屑微观组织的研究，可以发现大变形与高温加速了绝热剪切带中心动态再结晶现象的发生，材料的软化程度加强，绝热剪切带中心的热塑性失稳促进了锯齿形切屑的产生。因此，高速切削中的动态再结晶现象及其软化效应是不容忽视的，而近年来常用的本构模型并没有考虑动态再结晶效应，对高速切削过程的描述是不准确的、不全面的。本章建立了考虑动态再结晶软化效应的高速切削钛合金 Ti‒6Al‒4V 的本构模型，反映了高温高压情况下动态再结晶软化效应对高速铣削 Ti‒6Al‒4V 过程的影响情况。

4.1 分离式 Hopkinson 压杆试验

构建材料的本构模型需要获得材料在不同应变速率下以及不同温度下的应力和应变关系。想要获得不同应变速率下应力‒应变数据，需要采用不同的试验，如图 4‒1 所示。

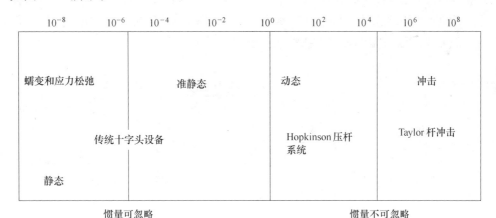

图 4‒1 应变率区域划分

高速铣削时的应变率高达 $10^3 \sim 10^5 \mathrm{s}^{-1}$，材料易发生变形和破坏。由于高温高压的耦合作用，材料在冲击载荷下表现出的力学特性与在静态或准静态时的力学特性是不同的，此时材料在变形时的实际性能必须用动态力学性能来反映。由图 4‒1 所示的应变率区域划分图，可知在此高应变速率范围内，采用 Hopkinson 压杆试验比较合适。

Bertram Hopkinson 利用弹性金属杆中波传递的原理测量了动态事件中产生的压力，Davies 和 Kolsky 在此技术的支持下，测量了材料的动态应力-应变数据，这也就是常用于测量高温高压高冲击下材料力学性能的分离式 Hopkinson 压杆（split hopkinson pressure bar，SHPB）试验。SHPB 试验可测量高达 $10^2 \sim 10^4 s^{-1}$ 应变速率下的应力-应变关系。它的原理就是通过测量压杆上的应变推导试件上的应力-应变，目前广泛应用于此类试验的主要包括动态双轴压缩试验、拉伸 Hopkinson、双轴（扭-压）Hopkinson、直接撞击 Hopkinson 杆等。

建立准确的切削加工过程有限元模型是切削加工过程仿真的核心内容，而一个合理的适用的材料本构模型是切削加工过程有限元建模的基础。材料本构模型主要是通过测量所选材料在不同温度和应变率下的应力-应变关系，并在大应变-大变形理论指导下创建出来的。一般可由 Hopkinson 压杆试验来测量材料在不同温度、不同应变速率下的应力-应变关系。

4.1.1 试验原理及试验装置

图 4-2 所示为分离式 Hopkinson 压杆试验装置示意图。SHPB 试验装置主要由入射杆、透射杆、吸收杆以及阻尼器等组成。压杆直径为 14mm，子弹长度 200mm，入射杆与透射杆长度均为 400mm。试件夹在入射杆与透射杆之间，并保持入射杆、透射杆与炮管的同轴关系。子弹所需的撞击速度是通过空气动力枪发射获得的，示波器接收到通过光传感器发送来的速度信息，贴在入射杆与透射杆上的应变片用来测量杆中传播的应力波。超动态应变仪放大了压杆上的应变信号，然后由瞬态波型储存器采集记录经过放大的应变信号。

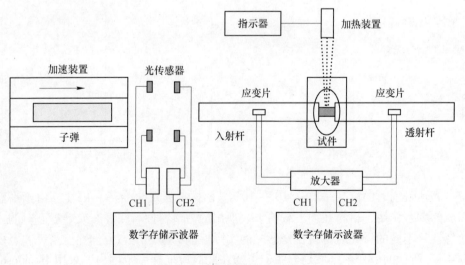

图 4-2 SHPB 试验装置

　　分离式 Hopkinson 压杆建立在两个假设基础上，即一维假设与均匀性假设。其中，一维假设表示压杆沿截面只有均匀分布的轴向应力，其他方向的应力忽略不计；另一个均匀性假设，指试件的长度相对加载波形足够短，加载波脉冲延续时间足够长，此时可认为试件中拥有均匀的应力。当入射杆被子弹在一定速度下撞击，首先在入射杆中产生了入射波脉冲 ε_I，此脉冲以弹性波速向前传播，试件在高速压缩下发生塑性变形，此时在透射杆中产生透射波脉冲 ε_T，还有一部分反射至入射杆中的反射应力脉冲 ε_R。三种波形信号可通过贴在入射杆与透射杆上的应变片采集得到，并由 Tektronix 示波器输出波形[3]，如图 4-3 所示。

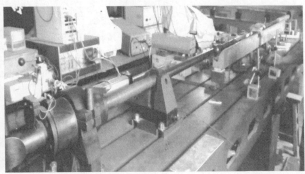

图 4-3　Tektronix 示波器与 SHPB 试验装置

　　分离式 Hopkinson 压杆试验原理如图 4-4 所示。试件在入射杆与透射杆之间，位移用 u 表示，由一维弹性波传播理论，位移的表达式可表示为式（4-1）：

$$u = C_0 \int_0^t \varepsilon \mathrm{d}t \tag{4-1}$$

式中，C_0 为压杆纵波波速；ε 为应变；t 为时间。

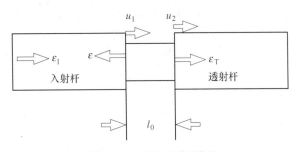

图 4-4　SHPB 压杆原理

　　设 u_1 为左界面位移，u_2 为右界面位移，则有：

$$u_1 = C_0 \int_0^t \varepsilon_I \mathrm{d}t - C_0 \int_0^t \varepsilon_R \mathrm{d}t$$

$$u_2 = C_0 \int_0^t \varepsilon_T \mathrm{d}t$$

试件中的平均应变 ε_s 可由式（4－2）来表示：

$$\varepsilon_s = \frac{u_1 - u_2}{l_0} = \frac{C_0}{l_0} \int_0^t (\varepsilon_I - \varepsilon_R - \varepsilon_T)\mathrm{d}t \qquad (4-2)$$

式中，l_0 为试件原始长度。

设 F_1 和 F_2 分别表示入射杆与透射杆端面压力，则有式（4－3）和式（4－4）：

$$F_1 = EA(\varepsilon_I + \varepsilon_R) \qquad (4-3)$$

$$F_2 = EA\varepsilon_T \qquad (4-4)$$

式中，A 为压杆横截面积用；E 为压杆弹性模量。

式（4－5）可用来计算试件上的平均应力 σ_s：

$$\sigma_s = \frac{F_1 + F_2}{2A_s} \qquad (4-5)$$

式中，A_s 为试件的横截面积。

将式（4－3）与式（4－4）代入式（4－5），平均应力 σ_s 可表示为：

$$\sigma_s = \frac{EA}{2A_s}(\varepsilon_I + \varepsilon_R + \varepsilon_T) \qquad (4-6)$$

保持一段稳定时间，可认为 $F_1 = F_2$，即试件两端作用力处于平衡状态。此时有：

$$\varepsilon_T = \varepsilon_I + \varepsilon_R \qquad (4-7)$$

将式（4－7）代入式（4－2），平均应变 ε_s 可以表示为：

$$\varepsilon_s = -\frac{2C_0}{l_0} \int_0^t \varepsilon_R \mathrm{d}t \qquad (4-8)$$

平均应变率 $\dot{\varepsilon}_s$ 可由式（4－9）表示，平均应力 σ_s 由式（4－10）表示：

$$\dot{\varepsilon}_s = -\frac{2C_0}{l_0}\varepsilon_R \qquad (4-9)$$

$$\sigma_s = E(A/A_s)\varepsilon_T \qquad (4-10)$$

4.1.2 试验方案

试验材料：钛合金 Ti－6Al－4V，其成分表与物性参数见第 3 章的表 3－1。

试件制成圆柱体，分成四组进行试验。前三组为切削加工试样，第四组为直接线切割试样，如图 4－5 所示，线切割试样在最后一行，其余均为机加工试样。分离式 Hopkinson 压杆试验设置见表 4－1，对不同温度和应变速率下的试验结果取平均值。

第四组

第三组

第二组

第一组

图 4 - 5　分离式 Hopkinson 压杆试验试样

表 4 - 1　分离式 Hopkinson 压杆试验设置

试　样	机加工试样			线切割试样
试样组别	第一组	第二组	第三组	第四组
试样尺寸	$\phi 8\,mm \times 4\,mm$	$\phi 6\,mm \times 3\,mm$	$\phi 9\,mm \times 3.5\,mm$	$\phi 8\,mm \times 4\,mm$
试样个数	5 个	5 个	5 个	5 个
应变速率	$1000\,s^{-1}$, $2000\,s^{-1}$, $3500\,s^{-1}$, $5500\,s^{-1}$, $6500\,s^{-1}$, $7800\,s^{-1}$, $8500\,s^{-1}$			
温度	$20\,℃$, $150\,℃$, $400\,℃$, $850\,℃$, $1000\,℃$			

4.1.3　试验结果与分析

　　通过 SHPB 试验，可拟合出钛合金 Ti - 6Al - 4V 在应变率 $2000\,s^{-1}$，温度范围从室温到 $1000\,℃$ 下的应力 - 应变曲线，如图 4 - 6 所示。随着应变的提高，变形量加大，使材料体现为应变敏感，材料的流动应力随应变的升高而不断升高；温度的升高使材料热软化效应非常明显，Ti - 6Al - 4V 流动应力明显降低，应变硬化有所下降，材料塑性有所提高。

　　线切割试件在应变率为 $2000\,s^{-1}$（室温）下的应力 - 应变曲线如图 4 - 7 所示。对比分析图 4 - 6 与图 4 - 7 中室温下的应力 - 应变曲线，可发现线切割试样的应力变化趋势与机加工试样是一致的，但是在高温作用下线切割试样可能发生了动态再结晶，有比较显著的应力软化现象，其硬度下降明显，流动应力大约比同样试验条件下的机加工试样低 400MPa 左右。研究表明，能促进发生动态再结晶现象的一个最重要因素是高温。

　　图 4 - 8 所示为常温时试样在不同应变速率下的应力 - 应变曲线。可以看出，在试验选取的不同应变速率的曲线中，应变值都是小于临界应变的。曲线随着应变升高均表现为应力强化效应，且应变速率越高，其应力强化效应越明显。

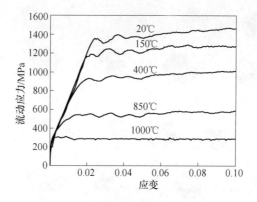

图 4-6 应变率为 2000s⁻¹时的应力-应变曲线

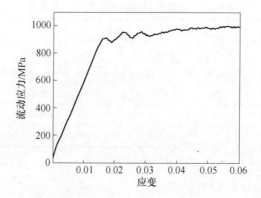

图 4-7 线切割试件在应变率为 2000s⁻¹时的应力-应变曲线

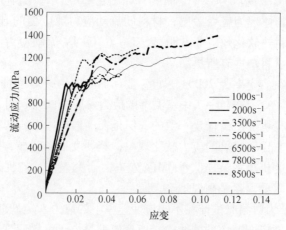

图 4-8 常温下不同应变率对应的应力-应变曲线

4.2 考虑动态再结晶软化效应的材料本构模型研究

4.2.1 本构模型

切削过程的本质，就是在一定条件下，外力作用下的工件材料从弹性变形到塑性变形再到断裂的整个过程。其中，滑移、孪生、晶界滑动、扩散性蠕变等都是弹性变形的特征，断裂体现为切屑与工件的分离。也就是说，切削过程问题是热 – 弹塑性非线性问题的一个分支。切削过程有限元建模法是高速切削模型建立的最常用方法，而一个能真实反映金属切削过程中材料变形程度与温度等影响要素之间关系的本构模型是建立高速切削有限元模型的基础与关键。

4.2.1.1 Johnson – Cook（J – C）本构模型

金属高速切削加工最显著的材料特性一般可归结为三个高特性，即高温、高应变、高应变率，其本构方程一般可采用适用于高应变速率以及高温条件下的 J – C 本构模型。J – C 模型是学者 Johnson 和 Cook 提出的，这是一个考虑了应变 – 应变率 – 温度各主要因素对流动应力影响的经验模型，将材料的应变硬化效应、应变率强化效应和热软化效应等部分有机结合在一起，可用来描述金属在高应变、高应变率以及高温条件下的材料特性，在切削加工有限元仿真中，尤其是高速切削加工有限元仿真中，应用非常广泛。

J – C 本构模型反映了金属材料变形关系，表示为三个影响因素项的乘积，这三个影响因素分别为应变硬化、应变率硬化和温度软化。J – C 材料本构模型见式（4 – 11）。

$$\sigma = (A + B\varepsilon^n)\left[1 + C\ln\left(1 + \frac{\dot{\varepsilon}}{\dot{\varepsilon}_0}\right)\right]\left[1 - \left(\frac{T - T_r}{T_m - T_r}\right)^m\right] \qquad (4 - 11)$$

式中，$\dot{\varepsilon}_0$ 为参考塑性应变率；$\dot{\varepsilon}$ 为等效塑性应变率；T_m 为材料的熔点温度；T_r 为室温；A 为室温下的原始屈服强度；B 为应变强化系数；C 为应变率敏感度；m 为热软化效应；n 为应变硬化效应。

材料的塑性变形程度可用 J – C 本构方程中的 A、B、C、m 和 n 5 个参数来描述，最近这些年来，有很多研究者都想通过试验的方式来确定参数值，表 4 – 2 为三组参数值对比。

表 4 – 2　几组钛合金 J – C 材料本构方程参数值对比

试验者	年份	A	B	C	m	n	最大应变率/s^{-1}	最大应变
Lee – Lin	1998	782.7	798.4	0.028	1.0	0.28	2000	0.3
Meyer – Kleponis	2001	862.5	331.2	0.012	0.8	0.34	2150	0.57
Kay	2003	1098	1092	0.014	1.1	0.93	10^4	0.6

表 4－3 为一些常用材料建立 J－C 本构方程时参数的取值情况。

表 4－3 常用材料 J－C 模型参数取值

材　料		钛合金 Ti－6Al－4V	OFHC 铜	弹壳黄铜	镍 200	工业纯铁	1006 钢	7039 铝	4340 钢	钨合金	S7 工具钢
物理性质	密度/kg·m⁻³	4430	8960	8520	8900	7890	7890	2770	7830	7750	17000
	比热容/J·(kg·K)⁻¹	526	383	385	446	452	452	875	477	134	477
	熔点/K	1668	1356	1189	1726	1811	1811	877	1793	1723	1763
J－C 模型参数	A/MPa	862.5	90	112	163	175	350	337	792	1506	1539
	B/MPa	331.2	292	505	648	380	275	343	510	177	477
	C	0.012	0.025	0.009	0.006	0.06	0.022	0.01	0.014	0.016	0.012
	m	0.8	1.09	1.68	1.44	0.55	1.00	1.00	1.03	1.00	1.00
	n	0.34	0.31	0.42	0.33	0.32	0.36	0.41	0.26	0.12	0.18

4.2.1.2　Power－Law 超塑性本构模型

Power－Law 超塑性本构模型为超塑性模型，常用于仿真高速切削塑性较好的工件材料加工过程中的大应变、大应变率、高温等特征。该模型的基本表达式如下：

$$\sigma(\varepsilon^{p}, \dot{\varepsilon}, T) = g(\varepsilon^{p}) \cdot \varGamma(\dot{\varepsilon}) \cdot \varTheta(T) \tag{4-12}$$

式中，$g(\varepsilon^{p})$ 为工件材料应变硬化函数；$\varGamma(\dot{\varepsilon})$ 为工件材料应变率强化函数；$\varTheta(T)$ 为工件材料温度软化函数；ε^{p} 为有效塑性应变；$\dot{\varepsilon}$ 为应变率。

工件材料应变硬化函数 $g(\varepsilon^{p})$ 被定义为：

$$g(\varepsilon^{p}) = \sigma_{0}\left(1 + \frac{\varepsilon^{p}}{\varepsilon_{0}^{p}}\right)^{\frac{1}{n}} \quad (\varepsilon^{p} < \varepsilon_{cut}^{p})$$

$$g(\varepsilon^{p}) = \sigma_{0}\left(1 + \frac{\varepsilon_{cut}^{p}}{\varepsilon_{0}^{p}}\right)^{\frac{1}{n}} \quad (\varepsilon^{p} \geqslant \varepsilon_{cut}^{p}) \tag{4-13}$$

式中，ε^{p} 为工件材料的等效塑性应变；σ_{0} 为工件材料的初始屈服应力；n 为工件材料的应变硬化系数；ε_{0}^{p} 为选取的参考应变；ε_{cut}^{p} 为工件材料的截止应变。

工件材料应变率强化函数 $\varGamma(\dot{\varepsilon})$ 由式（4－14）来定义：

$$\varGamma(\dot{\varepsilon}) = \left(1 + \frac{\dot{\varepsilon}}{\dot{\varepsilon}_{0}}\right)^{\frac{1}{m_{1}}} \quad (\dot{\varepsilon} < \dot{\varepsilon}_{t})$$

$$\varGamma(\dot{\varepsilon}) = \left(1 + \frac{\dot{\varepsilon}}{\dot{\varepsilon}_{0}}\right)^{\frac{1}{m_{2}}}\left(1 + \frac{\dot{\varepsilon}}{\dot{\varepsilon}_{0}}\right)^{\frac{1}{m_{1}}-\frac{1}{m_{2}}} \quad (\dot{\varepsilon} \geqslant \dot{\varepsilon}_{t}) \tag{4-14}$$

式中，$\dot{\varepsilon}$ 为工件材料的应变率；$\dot{\varepsilon}_0$ 为工件材料的参考应变率；m 为工件材料的应变率硬化系数；$\dot{\varepsilon}_t$ 为工件高应变率到低应变率的转折点处应变率。

材料温度软化函数可由式（4－15）来表示：

$$\Theta(T) = c_0 + c_1T + c_2T^2 + c_3T^3 + c_4T^4 + c_5T^5 \quad (T < T_{cut})$$

$$\Theta(T) = \Theta(T_{cut})\left(1 - \frac{T - T_{cut}}{T_{melt} - T_{cut}}\right) \quad (T \geq T_{cut}) \tag{4-15}$$

式中，$c_0 \sim c_5$ 为材料温度软化多项式函数的系数，此时切削温度小于工件材料线性软化温度，T 为切削过程中的温度；T_{cut} 为切削温度达到工件材料线性软化时的温度；T_{melt} 为熔点。

研究表明，当切削温度达到特定值时，切削过程中的流动应力会线性减小，当切削温度达到材料的熔点时，流动应力趋于零。由此可以得到钛合金 Ti－6Al－4V 的 Power－law 超塑性本构模型的各参数：$\sigma_0 = 1.574 \times 10^9$；$n = 6.725$；$m_1 = m_2 = 80.203$；$\dot{\varepsilon} = 1$；$\varepsilon_0^p = 1$；$c_0 = 1.0341$；$c_1 = -5.632 \times 10^{-4}$；$c_2 = -3.589 \times 10^{-8}$；$c_3 = 0$；$c_4 = 0$；$c_5 = 0$。

值得注意的是，工件材料的弹性模量 $E(\text{GPa})$、热传导系数 $k(\text{W}/(\text{m} \cdot \text{K}))$ 以及比热容 $c_p(\text{J}/(\text{kJ} \cdot \text{℃}))$ 随温度 T 的变化而变化。由文献 [4] 可知，温度对上述参数影响模型如下所示：

$$E = 120.211 + 0.526T - 0.0013T^2$$

$$k = 7.5 - 0.12T + 4.15 \times 10^{-5}T^2$$

$$c_p = 398.5 - 0.032T + 2.063 \times 10^{-5}T^2$$

4.2.1.3 Zerilli－Armstrong（ZA）本构模型

ZA 本构模型是由 Zerilli 和 Armstrong 应用位错动力学原理建立的，用来描述材料的动态本构行为，近年来被广泛应用于材料本构研究中，常被用来仿真位错速度与应力、应变、应变率、温度之间的关系。其优点在于表达形式的相对简单性。

ZA 本构模型中主要将金属分为面心立方（fcc）金属和体心立方（bcc）金属。它们的差异表现在前者屈服应力对温度和应变率的依赖耦合于应变，而后者则是非耦合的。

对于体心立方金属，单个位错克服位错移动阻力所需的临界切应力，其形式为：

$$\sigma = C_0 + C_2\varepsilon^n[e^{(-C_3T + C_4T\ln\dot{\varepsilon})}] \tag{4-16}$$

对于面心立方金属，则表现出更高的温度敏感性与应变率敏感性，其力学性能受材料杂质含量的影响较明显，其形式为：

$$\sigma = C_0 + C_1e^{(-C_3T + C_4T\ln\dot{\varepsilon})} + C_5\varepsilon^n \tag{4-17}$$

式中，$C_0 \sim C_5$ 为材料常数。

综上所述，J-C 模型和 ZA 模型是目前比较常用的本构模型。它们都考虑了工件材料的应变率强化效应、温度软化效应和应变硬化行为。两者之间的区别是：J-C 模型采取将各种效应连乘的方式，ZA 模型则根据不同微观位错动力学变形机制，对体心立方金属和面心立方金属采用了不同的本构关系表达式；J-C 模型中 $\varepsilon - \ln\dot{\varepsilon}$ 之间是线性关系，ZA 模型中则是指数关系；就模型参数的确定方式而言，J-C 模型使用起来比 ZA 模型简便一些。

4.2.2 考虑钛合金 Ti-6Al-4V 再结晶软化的材料本构方程

当材料温度高于其再结晶温度时易发生动态再结晶现象，还有可能伴随着组织内部的相变。Andrade 等人[5]在 20 世纪 90 年代建立了考虑再结晶的 J-C 修正本构方程，他们提出在 J-C 本构方程的基础上增添一项表示再结晶的影响因子 $H(T)$。如式（4-18）所示的新本构模型可真实反映出材料出现再结晶现象时的应力-应变关系：

$$\sigma = (A + B\varepsilon^n)[1 + C\ln(1 + \dot{\varepsilon}/\dot{\varepsilon}_0)][1 - ((T - T_r)/(T_m - T_r))^m] \cdot H(T)$$

$$(4-18)$$

Andrade 修正本构形式简单，考虑到材料发生再结晶时流动应力的变化情况，较准确地描述了温度升高到再结晶温度时，材料出现的流动应力瞬间下降现象，这是以前的本构模型所不能表示的。但是这种修正本构模型没有考虑到应变大于临界应变时的情况，仅适用于应变较低的场合。

2002 年，Kassner 等人[6]在对两种材料进行高温下扭转试验的过程中，第一次确定了应变软化现象的存在，这种软化现象的出现与动态再结晶与恢复机制是有关的。2008 年，Calamaz 在此基础上建立了 TANH 修正 J-C 本构模型，Özel 等人[7]于 2010 年将 TANH 本构模型应用于刀具磨损等方面的研究中。该本构考虑了应力-应变-应变率-温度之间的关系，在应变硬化部分增加了一项应力软化项，当材料应变值大于临界应变值时，将产生应变软化现象。TANH 本构模型成功将应变软化引入到 J-C 本构中，但并没有考虑材料发生动态再结晶的应力-应变-应变率-温度变化情况。

当温度升高到钛合金 Ti-6Al-4V 动态再结晶温度时，材料内部发生动态再结晶组织变化，同时还会伴随 α→β 的相变。高速切削钛合金 Ti-6Al-4V 时，工件材料会产生大的变形，当温度升高到再结晶温度附近时，材料内部产生位错重排，将会发生部分或全部动态再结晶现象，阻止局部塑性变形的阻力降低，出现应力软化现象；变形随着切削的进行不断增大，当应变低于临界应变值时（Baker 等人[8]确定了 Ti-6Al-4V 的临界应变值一般为 0.25），材料体现的是应变硬化效应；当应变值继续增大到高于临界应变值时，材料又开始出现软化现象，且比变形初期的软化程度明显很多。由上所述，同一个本构模型不能完整地描述不同应变区间的应力变化情况。本书将动态再结晶软化效应引入到 J－C 本构模型中，且根据临界应变值取值情况将本构模型表述为两个表达式，钛合金 Ti－6Al－4V 修正 J－C 本构如式（4－19）所示。新的修正本构方程考虑了应变、应变率、温度、动态再结晶机制等一系列因素对流动应力的影响情况。

$$\sigma = (A + B\varepsilon^n)\left[1 + C\ln\left(1 + \frac{\dot{\varepsilon}}{\dot{\varepsilon}_0}\right)\right]\left[1 - \left(\frac{T - T_r}{T_m - T_r}\right)^m\right] \cdot$$

$$\frac{1}{1 - \left[1 - \frac{(\sigma_f)_{bc}}{(\sigma_f)_{ac}}\right]\mathrm{Fix}\left(\frac{T}{T_c}\right)} \quad (\varepsilon < 0.25) \tag{4-19a}$$

$$\sigma = \left[A + B\varepsilon^n \frac{1}{\exp(\varepsilon^t)}\right]\left[1 + C\ln\left(1 + \frac{\dot{\varepsilon}}{\dot{\varepsilon}_0}\right)\right]\left[1 - \left(\frac{T - T_r}{T_m - T_r}\right)^m\right] \cdot$$

$$\left\{1 - \left(\frac{T}{T_m}\right)^r\left[1 - \frac{(\sigma_f)_{ac}}{(\sigma_f)_{bc}}\middle/(\tanh\varepsilon)^s\right]\right\} \quad (\varepsilon \geqslant 0.25) \tag{4-19b}$$

式中，σ 为流动应力；$(\sigma_f)_{bc}$ 为再结晶之前的流动应力；$(\sigma_f)_{ac}$ 为再结晶之后的流动应力；$\dot{\varepsilon}$ 为等效塑性应变率；$\dot{\varepsilon}_0$ 为参考塑性应变率；T_r 为室温；T_m 为材料的熔点温度；T_c 为再结晶温度；r、t、s 为常数，对于钛合金 Ti－6Al－4V 材料，可取值为：$r = 1$、$t = 2$、$s = 0.05$；其余参数同 J－C 本构模型。

材料高速切削过程中发生变形，在应变小于其临界应变值时，材料软化现象一般发生在切削温度升高至再结晶温度附近时。当切削温度低于钛合金 Ti－6Al－4V 的再结晶温度时，材料一般不会发生完全动态再结晶现象，即使发生部分再结晶，软化效应也不明显，因此这个温度与应变范围内的应力－应变关系完全可用 J－C 本构模型来描述；当切削温度升高至材料的再结晶温度附近时，材料组织内部的性质产生变化，这时就必须要考虑动态再结晶软化效应了。

本书利用再结晶温度 T_c 与切削温度 T 间的关系构造了一个关于温度的取整函数 $\mathrm{Fix}(T/T_c)$。钛合金 Ti－6Al－4V 的熔点温度 $T_m = 1668℃$，切削过程中存在关系 $T \leqslant T_m$，即 T/T_c 的值不会超过 1.68。当 $T < T_c$ 时，取整函数 $\mathrm{Fix}(T/T_c) = 0$，此时的本构即为 J－C 本构模型；当 $T > T_c$ 时，取整函数 $\mathrm{Fix}(T/T_c) = 1$，此时的本构模型添加了动态再结晶软化项[9]。

从图 4－6 应力－应变曲线中选取 $\varepsilon = 0.1$ 时的一组流动应力，见表 4－4。从这组数据中可发现，流动应力随着温度的升高而逐渐下降，尤其是在温度到达再结晶温度附近时，流动应力急剧降低，之后应力变化趋于缓慢。可知 $(\sigma_f)_{ac} = \sigma_{1000℃} = 298.3\mathrm{MPa}$，$(\sigma_f)_{bc} = \sigma_{950℃} = 437.6\mathrm{MPa}$。

表 4－4　不同温度下应变值为 0.1 时对应的流动应力

温度/℃	150	600	850	900	950	1000	1100
流动应力/MPa	1186.6	708.4	593.2	555.3	437.6	298.3	218.6

当应变大于其临界应变值时，Ti-6Al-4V 合金的本构模型选用式（4-19b），再结晶应力软化效应由 $\dfrac{(\sigma_{\mathrm{f}})_{ac}}{(\sigma_{\mathrm{f}})_{bc}}\Big/(\tanh\varepsilon)^{s}$ 项与 $\dfrac{1}{\exp(\varepsilon^{t})}$ 项来体现，这两项中的 t 和 s 是用来修正应力软化下降坡度的，即应力软化的程度。系数 s 用来修正应变在临界应变值附近时的软化程度，而参数 t 用来体现应变继续增大时的应力软化程度。

4.2.3 确定本构模型参数

利用变量分离法来确定本构模型中的参数，具体步骤如下。

第一步，拟合参数 A、参数 B 和参数 n。忽略热软化和应变率强化效应的影响，利用准静态 $\dot\varepsilon=0.001\mathrm{s}^{-1}$、室温 $T=20℃$ 时的数据拟合参数 A、B 和 n。此时，式（4-19）中的 $\left[1-\left(\dfrac{T-T_{\mathrm{r}}}{T_{\mathrm{m}}-T_{\mathrm{r}}}\right)^{m}\right]=1$，$\left[1+C\ln\left(1+\dfrac{\dot\varepsilon}{\varepsilon_{0}}\right)\right]=1$，则有：

$$\sigma = A + B\varepsilon^{n} \qquad\qquad (4-20)$$

式中，A 为常温（20℃）下 $\dot\varepsilon=0.001\mathrm{s}^{-1}$ 时的静态屈服应力 σ_{s}，可测得 $A=923.2\mathrm{MPa}$。

对式（4-20）两边求对数，可得式（4-21）：

$$\ln(\sigma-A) = \ln B + n\ln\varepsilon \qquad\qquad (4-21)$$

为了计算方便，可令 $Y=\ln(\sigma-A)$，$\ln B=D$，$X=\ln\varepsilon$，则式（4-21）简化为：$Y=nX+D$。

选取图 4-6~图 4-8 所示的应力-应变数据，对上述线性方程进行回归计算，可得到 $n=0.466$，$B=673.54\mathrm{MPa}$。

第二步，拟合参数 C。利用图 4-8 所示的不同应变率下的应力-应变（常温）关系来拟合参数 C。应变速率选取 $1000\mathrm{s}^{-1}$、$2000\mathrm{s}^{-1}$、$3500\mathrm{s}^{-1}$、$5600\mathrm{s}^{-1}$、$6500\mathrm{s}^{-1}$、$7800\mathrm{s}^{-1}$ 和 $8500\mathrm{s}^{-1}$，应变选取 0.03，不考虑温升效应。则有：

$$\sigma = (A+B\varepsilon^{n})\left[1+C\ln\left(1+\dfrac{\dot\varepsilon}{\varepsilon_{0}}\right)\right]$$
$$\sigma/(A+B\varepsilon^{n}) = 1+C\ln\left(1+\dfrac{\dot\varepsilon}{\varepsilon_{0}}\right) \qquad\qquad (4-22)$$

$(A+B\varepsilon^{n})$ 选取 $\dot\varepsilon=0.001\mathrm{s}^{-1}$ 时的流动应力，对参数 C 的计算可看成是对某一直线斜率的拟合，$C=0.0167$。

第三步，确定热软化系数。由前述实验数据可知，随着温度的升高，材料出现软化现象，流动应力不断下降。忽略应变硬化和应变率强化的影响，选择固定的应变与应变率来拟合热软化系数。

$$\ln\left\{1-\dfrac{\sigma}{(A+B\varepsilon^{n})\left[1+C\ln(1+\dot\varepsilon/\dot\varepsilon_{0})\right]}\right\} = m\ln\left(\dfrac{T-T_{\mathrm{r}}}{T_{\mathrm{m}}-T_{\mathrm{r}}}\right) \qquad (4-23)$$

同样，为了计算简便，这里可令 $\ln\left\{1 - \dfrac{\sigma}{(A + B\varepsilon^n)[1 + C\ln(1 + \dot{\varepsilon}/\dot{\varepsilon}_0)]}\right\} = Y$，$\ln\left(\dfrac{T - T_r}{T_m - T_r}\right) = X$，式（4-23）变换为 $Y = mX$。此时 m 可看作直线的斜率。温度选取 150℃、400℃、600℃、850℃、1000℃，拟合后 $m = 0.73$。

通过计算与拟合，钛合金 Ti-6Al-4V 考虑再结晶软化效应的修正 J-C 本构方程如式（4-24）所示：

$$\sigma = (923.2 + 673.54\varepsilon^{0.466}) \cdot \left[1 + 0.0167\ln\left(1 + \dfrac{\dot{\varepsilon}}{\dot{\varepsilon}_0}\right)\right] \cdot$$

$$\left[1 - \left(\dfrac{T - T_r}{T_m - T_r}\right)^{0.73}\right] \cdot \left[1 + 0.47\mathrm{Fix}\left(\dfrac{T}{T_c}\right)\right]^{-1} \quad (\varepsilon < 0.25) \tag{4-24a}$$

$$\sigma = \left(923.2 + 673.54\varepsilon^{0.466}\dfrac{1}{\exp\varepsilon^2}\right) \cdot \left[1 + 0.0167\ln\left(1 + \dfrac{\dot{\varepsilon}}{\dot{\varepsilon}_0}\right)\right] \cdot$$

$$\left[1 - \left(\dfrac{T - T_r}{T_m - T_r}\right)^{0.73}\right] \cdot \left\{1 - \dfrac{T}{T_m} \cdot \left[1 - \dfrac{(\sigma_f)_{ac}/(\tanh\varepsilon)^{0.05}}{(\sigma_f)_{bc}}\right]\right\} \quad (\varepsilon \geqslant 0.25)$$

$$\tag{4-24b}$$

分别将钛合金 Ti-6Al-4V 的 J-C 本构模型、考虑再结晶软化效应的修正 J-C 本构模型与 SHPB 试验数据进行对比，结果如图 4-9 所示。

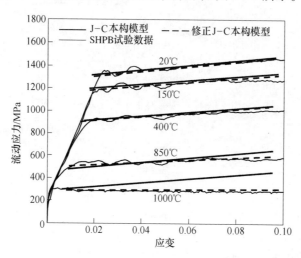

图 4-9 两种本构与 SHPB 试验数据的比较

由图 4-9 可以看出，在温度低于 850℃时，没有达到材料的再结晶温度，此时 J-C 本构模型应力-应变数据与 SHPB 试验数据非常接近，J-C 本构与考虑再结晶的修正 J-C 本构相差甚微；当温度升高到 850℃和 1000℃时，已达到再结晶温度，材料的再结晶软化效应将使应力急剧下降。此时可以看出，J-C 本构模型数据与 SHPB 试验数据存在较大差异，但考虑再结晶的修正 J-C 本构仍可较好地逼近 SHPB 试验曲线。这是由于在再结晶温度附近，材料发生了动态再结晶，出现了应变软化现象，导致流动应力下降，而 J-C 本构模型并没有考虑动态再结晶软化效应对流动应力的影响。

图 4-10 为 J-C 本构模型与考虑再结晶软化效应的修正 J-C 本构的应力-应变对比图，试验条件选取为 $\dot{\varepsilon}=0.001\text{s}^{-1}$、$T=1000℃$、$T_r=20℃$、应变率 $\dot{\varepsilon}=10000$。在星形标注的 J-C 本构模型曲线中，流动应力随应变的升高而单调增长；而在另一条修正 J-C 本构模型曲线中，流动应力在应变约为 0.25 时达到峰值，之后流动应力出现下降的趋势，在应变值大于 1.5 时，应力基本趋于平稳。因此，可得出结论，材料动态再结晶软化效应是这两种本构模型体现不同应力-应变关系的关键所在。

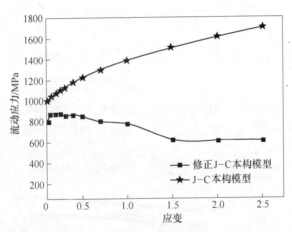

图 4-10 J-C 本构与修正本构应力-应变对比

参 考 文 献

[1] 胡时胜. 霍普金森压杆技术 [J]. 兵器材料科学与工程，1991 (122)：40~47.

[2] Kolsky H. An investigation of the mechanical properties of materials very high rates of loading [J]. Proc. Phys. Soc. (London)，1994：B63：676~700.

[3] 刘丽娟，吕明，武文革. Ti-6Al-4V 合金的修正本构模型及其有限元仿真 [J]. 西安交通大学学报，2013，47 (07)：73~79.

[4] Su Y, et al. An experimental investigation of effeets of cooling/lubrication conditions on tool wear in high-speed end milling of Ti6Al4V [J]. Wear，2006，261 (7-8)：760~766.

[5] Andrade U R, Meyers M A, Vecchio K S, et al. Dynamic recrystallization in high-strain, high-strain-rate plastic deformation of copper [J]. Acta Metall. Mater.，1994，42 (31)：

83~95.

[6] Kassner M E, Wang M Z, Perez – Prado M T, Alhajeri S. Large – strain softening of aluminium in shear at elevated temperature [J]. Metallurgical and Materials Transactions, 2002: 3145~3153.

[7] Özel T, Sima M, Srivastava A K, et al. Investigations on the effects of multi – layered coated inserts in machining Ti – 6Al – 4V alloy with experiments and finite element simulations [J]. CIRP Annals: Manufacturing Technology, 2010, 59 (1): 77~82.

[8] Baker M, Rosler J, Siemers C. A finite element model of high speed metal cutting with adiabatic shearing [J]. Computers and Structures, 2002, 80 (5, 6): 495~513.

[9] 刘丽娟, 等. 再结晶软化效应对 Ti – 6Al – 4V 修正本构的影响 [J]. 稀有金属材料与工程, 2014, 43 (6): 1367~1371.

5 高速铣削钛合金 Ti – 6Al – 4V 有限元模型与仿真

在高速切削基础理论研究中，有限元仿真技术和高速切削机理占有重要的地位。金属切削有限元仿真可使我们更加深入地了解金属切削的加工过程，从而减少在切削过程中所产生的试错试验次数。从以前的研究中发现，切削有限元仿真中关于钛合金方面所做的工作非常有限，由于材料模型的缺陷，使得高温、高应变、高应变速率下的有限元仿真与实际切削过程存在很大的差异。本章在第 4 章的基础上，运用有限元数值建模法将考虑再结晶软化效应的修正 J – C 本构嵌入到软件中，对比两种本构的仿真结果，并利用铣削试验结果进行验证，进而得到正确合理的修正本构模型以及子程序。

5.1 高速铣削钛合金 Ti – 6Al – 4V 有限元模型

利用 AdvantEdge 与 ABAQUS 有限元软件对高速铣削钛合金 Ti – 6Al – 4V 的加工过程进行二维仿真研究，本构模型选用 J – C 本构、TANH J – C 模型以及考虑再结晶软化效应的修正 J – C 本构，失效准则选用 Recht 剪切失效准则，利用子程序技术将本构模型与失效准则写入软件中。本书主要进行了三方面的有限元仿真研究，分别是应力有限元仿真、切屑有限元仿真以及最大剪切力有限元仿真。

5.1.1 高速铣削有限元模型

5.1.1.1 高速铣削有限元几何模型

铣刀在高速铣削过程中不仅要做旋转运动，同时还要进行进给运动，铣刀的多个切削刃参加工作，切削厚度连续变化。图 5 – 1 为铣削加工中立铣刀沿径向进行几何剖切的模型图。

铣削时，参加工作的一般只有一个主切削

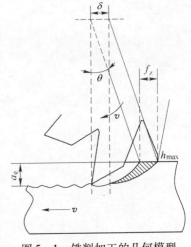

图 5 – 1 铣削加工的几何模型
f_z—每齿进给量；h_{max}—最大切削层厚度；
a_e—切削宽度；v—切削速度

刃和一个副切削刃，由于副切削刃对加工过程影响甚微，在此忽略，切削层展开形状如图 5 - 2 所示。考虑到钛合金 Ti – 6Al – 4V 是难加工材料，一般情况下每齿进给量 f_z 很小，切削深度 a_c 也远远小于切削宽度 a_e，并且加工过程中铣刀的转速很高，所以切削层厚度变化不会很大，鉴于此本书将切削层简化为等厚度的，如图 5 - 3 所示。

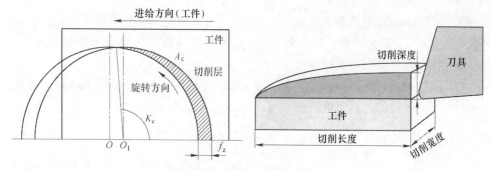

图 5 - 2　立铣切削层展开图

K_c—切削角；A_c—切削截面积

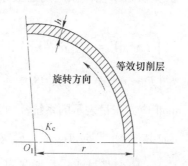

图 5 - 3　简化后的立铣等效切削层

h—等效厚度；r—刀具半径

　　高速铣削钛合金 Ti – 6Al – 4V 有限元仿真几何模型可由式（5 - 1）~式（5 - 3）表示：

$$h = r - \sqrt{r^2 - 2\frac{A_c}{K_c}} = r - r\sqrt{\frac{\cos^{-1}\frac{f_z}{2r} - \sin\left[2\cos^{-1}\left(\frac{f_z}{2r}\right)\right]}{\pi - \cos^{-1}\left(\frac{f_z}{2r}\right)}} \qquad (5-1)$$

$$A_c = \frac{1}{2}r^2\left\{\pi - 2\cos^{-1}\frac{f_z}{2r} + \sin\left[2\cos^{-1}\left(\frac{f_z}{2r}\right)\right]\right\} \qquad (5-2)$$

$$K_c = \pi - \cos^{-1}\left(\frac{f_z}{2r}\right) \qquad (5-3)$$

5.1.1.2 高速铣削有限元控制方程

式 (5-4) 所示的 Euler 方程是切削有限元仿真中经常使用的一种有限元控制方程[1]。

$$\int \tau_{ij} \delta \varepsilon_{ij} \mathrm{d}V = \int_V f_i \delta u_i \mathrm{d}V + \int_S F_i \delta u_i \mathrm{d}S \qquad (5-4)$$

式中，τ_{ij} 为 Cauchy 应力张量；δu_i 为虚位移，可认为是真实位移的一个变分；ε_{ij} 为无穷小应变；V 为体积；S 为表面积；f_i 为弹性体内单位体积上所受的外力；F_i 为物体表面单位面积上的外力。

Lagrange 描述的 Kirchhoff 应力张量如式 (5-5) 所示，由总体 Euler 描述 Cauchy 应力张量的边界条件转换而成。

$$\tau_{ij} = \boldsymbol{J}^{-1} \frac{\partial x_i}{\partial X_l} \frac{\partial x_j}{\partial X_m} S_{lm} \qquad (5-5)$$

式中，$\boldsymbol{J}$ 为 Jacobi 矩阵；X_l 为 Lagrange 坐标；x_i 为 Euler 坐标；S_{lm} 为 Kirchhoff 应力张量。

$\mathrm{d}V = \boldsymbol{J}\mathrm{d}V_0$ 表示单位体积和初始单位体积之间的关系，完整系保守力作用在变形体工件上，则：

$$\int_V f_i \delta u_i \mathrm{d}V = \int_{V_0} f_{i0} \delta u_i \mathrm{d}V_0 \qquad (5-6)$$

$$\int_S F_i \delta u_i \mathrm{d}S = \int_{S_0} F_{i0} \delta u_i \mathrm{d}S_0 \qquad (5-7)$$

式 (5-8) 为由 Kirchhoff 应力张量表示的系统动力学方程：

$$\int_{V_0} S_{ij} \delta (E_{ij}) \mathrm{d}V_0 = \int_{V_0} f_{i0} \delta u_i \mathrm{d}V_0 + \int_{S_0} F_{i0} \delta u_i \mathrm{d}S_0 \qquad (5-8)$$

初始参考构形定义的 Green 应变张量 E，其增量可以表述为：$\delta E = \boldsymbol{B} \delta u_e$（$\boldsymbol{B}$ 为单元几何矩阵），是 Lagrange 坐标的函数，且有 $\delta u = \boldsymbol{N} \delta u_e$（$u$ 为单元节点位移，$\boldsymbol{N}$ 为单元形状函数），式 (5-9) 为高速切削加工有限元控制方程：

$$\sum \int_{V_0} \boldsymbol{B}^{\mathrm{T}} S \mathrm{d}V_0 = \sum \int_{V_0} \boldsymbol{N}^{\mathrm{T}} f_{i0} \mathrm{d}V_0 + \sum \int_{S_0} \boldsymbol{N}^{\mathrm{T}} F_{i0} \mathrm{d}S_0 \qquad (5-9)$$

5.1.1.3 切屑分离准则

判断切屑分离通常使用两个准则：几何分离准则和物理分离准则。几何分离准则是由 Usui 和 Shirakashi[2] 首先提出并使用的，图 5-4 为该准则的原理示意图。

首先，设定一个临界值 D，表示从刀尖到距离其最近节点间的临界长度；线段 AB 为分离发生时的边界，位于网格 C_1 与网格 C_2 之间；L 为单元格长度；r 表示实际刀尖到距离其最近节点的实时距离。图 5-4 描述了 r 与 D 进行比较的两种情况。

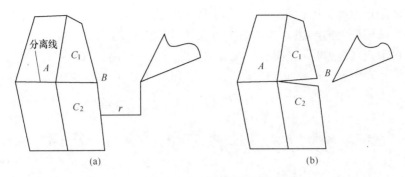

图 5 – 4 几何准则原理

(a) $r > D$; (b) $r \leqslant D$

如图 5 – 4(a) 所示，此时有 $r > D$，则网格之间未满足分离条件；如图 5 – 4(b) 所示，此时有 $r \leqslant D$，则网格之间满足分离条件，且沿着 AB 方向发生分离。临界值 D 的选取对该准则具有决定性意义。通常 D 的取值范围约为 $(0.01 \sim 0.03)L$。只有这样选取，当 r 接近 D 时才能保证切屑立刻分离。由于切屑分离时的物理变化，需在材料性能发生变化后重新定义临界值 D 值。

Iwata、Osakada 和 Terasaka 等人[3] 提出了物理分离准则。该准则需要选择诸如应变能密度、断裂应力、等效塑性应变等相关物理量作为临界值。采用该准则比使用几何分离准则更接近切削实际过程。但是怎样选取临界值仍有待于进一步地研究，如选取何种物理量，临界值的大小怎样选取等。文献 [4] 认为物理量可选取切屑和工件分界面参数，可定义为：

$$\frac{|\sigma_{\text{n}}|}{\sigma_{\text{f}}} + \frac{|\tau_{\text{s}}|}{\tau_{\text{f}}} \geqslant 1 \tag{5 – 10}$$

式中，σ_{n} 为正应力；σ_{f} 为正应力的临界值；τ_{s} 为剪应力；τ_{f} 为剪应力的临界值。

建立物理分离准则时，并未考虑高速切削过程中的热力耦合现象，因此误判的情况也同样存在。由于只考虑了相关物理量能否满足条件，实际切削过程中存在物理量并未达到临界值而发生了切屑应该分离的现象。在实际应用中，可根据两个准则各自的特点综合使用。

5.1.1.4 摩擦模型

金属切削有限元建模过程中，摩擦模型是关键技术之一，它对切削功率、刀具磨损及加工质量的影响程度较大。常用的摩擦模型有左列夫滑动 – 黏结摩擦接触模型，基于库仑假设的摩擦接触模型以及基于应力的多项式摩擦接触模型等。

如图 5 – 5 所示，高速切削加工过程中的刀 – 屑接触区可划分为滑动区和黏结区。在滑动区，由于距离刀尖较远，工作时所产生的正应力小，因此摩擦较小，摩擦形式为外摩擦；在黏结区，由于受到高温高压的作用，刀尖附近区域和切屑间的摩擦变为内摩擦。剪切摩擦力在黏结区内是均匀的，且有 $\tau_f = k_{chip}$，则摩擦力可由式（5 – 11）来表示；在滑动区的摩擦力可由式（5 – 12）来表示。

$$u_i = u_0(k_{chip}/\sigma_{max}) \qquad (x = 0)$$

$$u_i = \frac{k_{chip}}{\sigma_n} \qquad (0 < x < l_p) \qquad (5 – 11)$$

$$u_i = u_0 \qquad (l_p < x < (l_p + l_q)) \qquad (5 – 12)$$

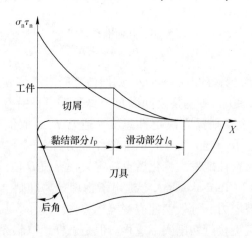

图 5 – 5 前刀面上正应力和摩擦应力分布情况

5.1.1.5 热传导

在高速切削加工过程中，由于切削时间短，只需要考虑热量的传导情况，不必考虑热对流和热辐射的热量。刀具与工件间温度和热流分布的非稳态三维热传导方程见式（5 – 13）。

$$\frac{\partial^2 T}{\partial x^2} + \frac{\partial^2 T}{\partial y^2} + \frac{\partial^2 T}{\partial z^2} + \frac{q(x,y,z,t)}{k_T} = \frac{1}{\alpha_T}\frac{\partial T}{\partial t} \qquad (5 – 13)$$

式中，T 为温度，是时间 t 的函数；k_T 为热传导率；α_T 为热扩散系数；$q(x, y, z, t)$ 为热流密度函数。T_n 为某一个特定的节点温度，可表示为：

$$T(x,y,z,t) = T_n \qquad (t > 0) \qquad (5 – 14)$$

T_i 表示初始节点，由式（5 – 15）来表示：

$$T(x,y,z,t) = T_i \qquad (t = 0) \qquad (5 – 15)$$

对于某个特定面的热流量 $\ddot{q}$，有：

$$\frac{\partial T}{\partial x} + \frac{\partial T}{\partial y} = 0 \qquad (5 – 16)$$

温度与材料呈非线性关系，温度和时间决定了热载荷向量和单元矩阵。

5.1.1.6 自适应网格划分技术

金属切削过程有限元仿真时，大变形往往会造成有限元网格出现扭曲或畸变的现象，如果模拟继续进行的话，误差将会非常大；另外，畸变的网格通常会与刀具干涉，计算精度大大降低。因此，为了使切削有限元仿真不会出现大的误差，在网格出现扭曲或畸变时，需重新划分网格并且要传递旧网格信息，这样才能使计算准确进行下去。图 5 - 6 所示为网格划分四边形四节点等参单元，其中任一点整体坐标 (x, y) 与局部坐标 (ξ, η) 之间存在式 (5 - 17) 所示的关系。

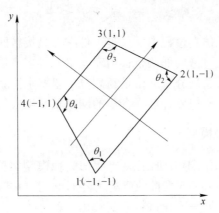

图 5 - 6   四边形四节点等参单元

$$\begin{cases} x = \sum_{i=1}^{4} F_i(\xi, \eta) x_i \\ y = \sum_{i=1}^{4} F_i(\xi, \eta) y_i \end{cases} \tag{5 - 17}$$

网格是否发生畸变可通过判断有限元网格单元的边长或内角的变化来确定，畸变判断的依据是雅可比矩阵行列式 $|\boldsymbol{D}|$ 的值。$|\boldsymbol{D}|$ 在整个单元内均大于零，它是 ξ 和 η 的线性函数，可用式 (5 - 18) 来表示。

$$|\boldsymbol{D}| = \begin{vmatrix} \dfrac{\partial x}{\partial \xi} & \dfrac{\partial x}{\partial \eta} \\ \dfrac{\partial y}{\partial \xi} & \dfrac{\partial y}{\partial \eta} \end{vmatrix} > 0 \tag{5 - 18}$$

图 5 - 6 中四节点处的 $|\boldsymbol{D}|$ 可表示如下：

$$\begin{aligned} |\boldsymbol{D}|_{(-1,-1)} &= l_{12} l_{14} \sin\theta_1 \\ |\boldsymbol{D}|_{(1,-1)} &= l_{21} l_{23} \sin\theta_2 \\ |\boldsymbol{D}|_{(1,1)} &= l_{32} l_{34} \sin\theta_3 \\ |\boldsymbol{D}|_{(-1,1)} &= l_{41} l_{43} \sin\theta_4 \end{aligned} \tag{5 - 19}$$

式中，两个节点 i 和 j 之间定义的单元边长 $l_{ij} = l_{ji}$；θ_i 为节点 i 处的角度，存在式（5-20）所示的关系：

$$\theta_1 + \theta_2 + \theta_3 + \theta_4 = 2\pi \qquad (5-20)$$

若要使 $|\boldsymbol{D}|$ 在整个单元内均大于零，必须满足式（5-21）所示的关系：

$$0 < \theta_i < \pi \qquad (i = 1,2,3,4) \qquad (5-21)$$

当处于畸变临界情况时，即 θ_i 接近 0° 或 180° 时，式（5-21）成立，但此时的计算精度不高；当网格畸变严重时需要重新划分网格，式（5-22）为网格重划的判断依据。

$$\theta_i \geqslant \frac{5}{6}\pi \quad \text{或} \quad \theta_i \leqslant \frac{1}{6}\pi \qquad (5-22)$$

在切削过程有限元仿真过程中，只是工件-刀具接触区域的少数网格易发生畸变或干涉现象，一般可做局部调整；当畸变单元过多或局部调整无效时，则需要对有限元网格进行重新划分。网格重新划分时要特别注意能够完整传递旧网格信息，要合理离散旧网格边界且选择合适的网格重新生成的方法。

5.1.2 Recht 剪切失稳模型

1964 年，Recht 提出了切削加工突变剪切失稳模型。根据 Recht 准则，剪切失稳现象一般发生在应力-应变曲线斜率为零时，此时材料内部塑性变形区将产生突变剪断。即剪切失稳一般在材料应变硬化与软化效应接近平衡时发生。当降低剪切应力或增大剪切应变，应变硬化斜率小于或等于零，如式（5-23）所示：$\dfrac{\mathrm{d}\bar{\tau}}{\mathrm{d}\bar{\gamma}} \leqslant 0$ 时

$$\frac{\mathrm{d}\bar{\tau}}{\mathrm{d}\bar{\gamma}} = \frac{\partial \bar{\tau}}{\partial \bar{\gamma}} + \frac{\partial \bar{\tau}}{\partial T}\frac{\mathrm{d}T}{\mathrm{d}\bar{\gamma}} \qquad (5-23)$$

常用 R 来表示失稳模型，如式（5-24）所示，其取值范围为 [0, 1]。

$$R = \frac{\dfrac{\partial \bar{\tau}}{\partial \bar{\gamma}}}{-\dfrac{\partial \bar{\tau}}{\partial T}\dfrac{\mathrm{d}T}{\mathrm{d}\bar{\gamma}}} \qquad (5-24)$$

式中，$\bar{\tau}$ 为剪应力；$\bar{\gamma}$ 为剪应变；T 为温度。

当 R 等于零时，开始发生热塑性不稳定现象；R 的分子和分母均来自于本构方程，$\bar{\tau}$ 和 $\bar{\gamma}$ 可用应变和应变速率来表示：

$$\bar{\tau} = \frac{\bar{\sigma}}{\sqrt{3}} \qquad (5-25)$$

$$\bar{\gamma} = \bar{\varepsilon}\sqrt{3} \qquad (5-26)$$

将表示剪应变的式（5-26）代入式（4-11）所示的 J-C 本构方程，可求解出该本构的 Recht 失稳模型，见式（5-27）。

$$\bar{\tau} = \frac{1}{\sqrt{3}}\left[A + B\left(\frac{\bar{\gamma}}{\sqrt{3}}\right)^n\right]\left[1 + C\ln\left(1 + \frac{\dot{\bar{\gamma}}}{\dot{\gamma}_0}\right)\right]\left[1 - \left(\frac{T - T_r}{T_m - T_r}\right)^m\right] \qquad (5-27)$$

将得出的 J – C 本构 Recht 失稳模型相对于剪应变 $\bar{\gamma}$ 求解偏微分，可得到应变硬化方程，见式（5 – 28）。

$$\frac{\partial \bar{\tau}}{\partial \bar{\gamma}} = \left[\frac{nB}{3} \left(\frac{\bar{\gamma}}{\sqrt{3}} \right)^{n-1} \right] \left[1 + C\ln\left(1 + \frac{\dot{\gamma}}{\dot{\gamma}_0} \right) \right] \left[1 - \left(\frac{T - T_r}{T_m - T_r} \right)^m \right] \quad (5 – 28)$$

热软化 $\dfrac{\partial \bar{\tau}}{\partial T}$ 为式（5 – 16）相对于温度 T 求解偏微分：

$$\frac{\partial \bar{\tau}}{\partial T} = \frac{1}{\sqrt{3}} \left[A + B\left(\frac{\bar{\gamma}}{\sqrt{3}} \right)^n \right] \left[1 + C\ln\left(1 + \frac{\dot{\gamma}}{\dot{\gamma}_0} \right) \right] \left[\frac{-m}{T - T_r} \left(\frac{T - T_r}{T_m - T_r} \right)^m \right] \quad (5 – 29)$$

根据 Recht 失稳模型，可得出单位面积 A 的发热率公式：

$$q = \frac{\tau L}{W} \dot{\gamma} \quad (5 – 30)$$

式中，q 为单位面积热生成率；τ 为薄弱区剪切强度；L 为试件长度；W 为工作时产生的热量；$\dot{\gamma}$ 为平均剪切应变率。

在恒定的发热无限大介质平面上，根据 Carslaw 和 Jaeger 对温度的定义，单位面积 A 上的瞬时温度 T_A 由式（5 – 31）表示：

$$T_A = \frac{\tau_y L \dot{\gamma}}{W} \sqrt{\frac{t}{\pi k \rho c}} \quad (5 – 31)$$

式中，τ_y 为初始剪切屈服强度；t 为时间；k 为导热系数；ρ 为密度；c 为比热容。

式（5 – 32）所示为式（5 – 31）相对于时间 t 的微分方程：

$$\mathrm{d}T_A = \frac{\tau_y L \dot{\gamma}}{2W} \sqrt{\frac{1}{\pi k \rho c t}} \mathrm{d}t \quad (5 – 32)$$

$$\frac{\mathrm{d}T_A}{\mathrm{d}\gamma} = \frac{\tau_y L}{2W} \sqrt{\frac{\dot{\gamma}}{\pi k \rho c (\gamma - \gamma_y)}} \quad (5 – 33)$$

式中，γ_y 为初始剪切应变。

将式（5 – 24）、式（5 – 28）、式（5 – 29）和式（5 – 33）进行整理，可得到 J – C 本构方程的 Recht 失稳模型，如式（5 – 34）所示：

$$R = \frac{\left[\dfrac{nB}{3} \left(\dfrac{\bar{\gamma}}{\sqrt{3}} \right)^{n-1} \right] \left[1 - \left(\dfrac{T - T_r}{T_m - T_r} \right)^m \right]}{\dfrac{1}{\sqrt{3}} \left[A + B\left(\dfrac{\bar{\gamma}}{\sqrt{3}} \right)^n \right] \left[\dfrac{m}{T - T_r} \left(\dfrac{T - T_r}{T_m - T_r} \right)^m \right] \left[\dfrac{1}{2} \dfrac{\tau_y L}{W} \sqrt{\dfrac{\dot{\gamma}}{\pi k \rho c (\gamma - \gamma_y)}} \right]} \quad (5 – 34)$$

同理，通过计算，也可得到考虑再结晶软化效应的修正 J – C 本构的 Recht 失稳模型。由前所述，考虑再结晶软化效应的修正 J – C 本构模型按照临界应变值的区间范围，可表述为两个表达式，如式（4 – 19a）及式（4 – 19b）所示。当 $\varepsilon < 0.25$，温度低于钛合金 Ti – 6Al – 4V 的再结晶温度时，修正本构模

型可使用 J – C 本构来表示其应力 – 应变关系；当切削温度高于再结晶温度时，修正 J – C 本构模型体现出比 J – C 本构模型更强的软化效应，它在 J – C 本构方程上添加了反映软化程度的系数 0.68。因此，当 $\varepsilon < 0.25$ 时，可直接使用 J – C 本构的剪切失稳 Recht 模型，仅仅是在温度高于再结晶温度时，注意添加系数 0.68 即可。

当 $\varepsilon \geqslant 0.25$ 时，修正 J – C 本构与 J – C 本构的形式差别很大，必须重新计算。为了计算方便，进行如下定义：

$$U = A + B\left(\frac{\bar{\gamma}}{\sqrt{3}}\right)^n \frac{1}{\exp\left(\frac{\bar{\gamma}}{\sqrt{3}}\right)^t}$$

$$V = 1 + C\ln\left(1 + \frac{\dot{\varepsilon}}{\varepsilon_0}\right)$$

$$Y = 1 - \left(\frac{T - T_r}{T_m - T_r}\right)^m \tag{5 – 35}$$

$$X = 1 - \left\{\left(\frac{T}{T_m}\right)^r\left[1 - \frac{\dfrac{(\sigma_f)_{ac}}{(\sigma_f)_{bc}}}{\left(\tanh\dfrac{\bar{\gamma}}{\sqrt{3}}\right)^s}\right]\right\} \tag{5 – 36}$$

进行整理，得：

$$\frac{\partial U}{\partial \bar{\gamma}} = \frac{B\,\bar{\gamma}^{n-1}}{(\sqrt{3})^n \exp[(\bar{\gamma}/\sqrt{3})^t]}\left[n - t\left(\frac{\bar{\gamma}}{\sqrt{3}}\right)^t\right] \tag{5 – 37}$$

$$\frac{\partial X}{\partial \bar{\gamma}} = \frac{s}{\sqrt{3}}\left(\frac{T}{T_m}\right)^r\left\{\frac{\dfrac{(\sigma_f)_{ac}}{(\sigma_f)_{bc}}}{\left[\tanh\left(\dfrac{\bar{\gamma}}{\sqrt{3}}\right)\right]^{s+1}}\right\}\frac{1}{\mathrm{ch}^2\left(\dfrac{\bar{\gamma}}{\sqrt{3}}\right)} \tag{5 – 38}$$

$$\frac{\partial Y}{\partial T} = -m\frac{(T - T_r)^{m-1}}{(T_m - T_r)^m} \tag{5 – 39}$$

$$\frac{\partial X}{\partial T} = -\frac{r}{T_m^r}\left\{1 - \left[\frac{\dfrac{(\sigma_f)_{ac}}{(\sigma_f)_{bc}}}{\left(\tanh\dfrac{\bar{\gamma}}{\sqrt{3}}\right)^s}\right]\right\}T^{r-1} \tag{5 – 40}$$

$$\frac{\mathrm{d}T}{\mathrm{d}\gamma} = \frac{\tau_y L}{2W}\sqrt{\frac{\dot{\gamma}}{\pi k\rho c(\gamma - \gamma_0)}} \tag{5 – 41}$$

将式 (5 – 37) ~式 (5 – 41) 代入式 (5 – 24)，得到修正 J – C 本构的 Recht 模型如下：

$$R = -\frac{\dfrac{\partial U}{\partial \bar\gamma}YX + UY\dfrac{\partial X}{\partial \bar\gamma}}{\left(U\dfrac{\partial Y}{\partial T}X + UY\dfrac{\partial X}{\partial T} \right)\dfrac{\mathrm{d}T}{\mathrm{d}\bar\gamma}} \tag{5 – 42}$$

在切削有限元仿真过程中，利用 Recht 失稳模型的破坏准则对位于工件网格单元上的各个节点进行评估。当节点符合 Recht 失稳准则时，则其应力状态为零，并把该元素的编码进行存储。删除这些编码的元素，提取并平滑工件边界，减少了由于元素删除造成的工件体积损失，改善了有限元解的收敛性。

5.1.3 用户材料子程序嵌入技术

5.1.3.1 材料非线性本构弹塑性形变

A 应力状态

主应力 σ_N 可由式（5 – 43）所示的方程表示：

$$\sigma_N^3 - I_1\sigma_N^2 - I_2\sigma_N - I_3 = 0 \tag{5 – 43}$$

式中，I_1、I_2、I_3 分别为应力张量的第一、第二、第三不变量，其值与坐标轴的取向无关，如式（5 – 44）所示：

$$\begin{aligned}
I_1 &= \sigma_x + \sigma_y + \sigma_z \\
I_2 &= -(\sigma_x\sigma_y + \sigma_y\sigma_z + \sigma_z\sigma_x) + (\tau_{xy}^2 + \tau_{yz}^2 + \tau_{zx}^2) \\
I_3 &= \sigma_x\sigma_y\sigma_z + 2\tau_{xy}\tau_{yz}\tau_{zx} - \sigma_x\tau_{yz}^2 - \sigma_y\tau_{zx}^2 - \sigma_z\tau_{xy}^2
\end{aligned} \tag{5 – 44}$$

从一点应力状态入手，可用来建立复杂应力状态下的判断依据或屈服准则。将应力张量分解成两部分，一部分带来形状改变，与塑性变形相关；另一部分是一个不变量，只带来体积的改变，与塑性变形无关，不随坐标系的变化而变化，称之为平均正应力，可由式（5 – 45）来表示；

$$\sigma_m = \frac{1}{3}(\sigma_x + \sigma_y + \sigma_z) \tag{5 – 45}$$

应力张量可表示为式（5 – 46）：

$$\begin{bmatrix} \sigma_x & \tau_{xy} & \tau_{zx} \\ \tau_{xy} & \sigma_y & \tau_{yz} \\ \tau_{zx} & \tau_{yz} & \sigma_z \end{bmatrix} = \begin{bmatrix} \sigma_m & 0 & 0 \\ 0 & \sigma_m & 0 \\ 0 & 0 & \sigma_m \end{bmatrix} + \begin{bmatrix} \sigma_x - \sigma_m & \tau_{xy} & \tau_{zx} \\ \tau_{xy} & \sigma_y - \sigma_m & \tau_{yz} \\ \tau_{zx} & \tau_{yz} & \sigma_z - \sigma_m \end{bmatrix} \tag{5 – 46}$$

将分解出来的两部分进行定义：

$$\begin{bmatrix} S_x & S_{xy} & S_{zx} \\ S_{xy} & S_y & S_{yz} \\ S_{zx} & S_{yz} & S_z \end{bmatrix} = \begin{bmatrix} \sigma_x - \sigma_m & \tau_{xy} & \tau_{zx} \\ \tau_{xy} & \sigma_y - \sigma_m & \tau_{yz} \\ \tau_{zx} & \tau_{yz} & \sigma_z - \sigma_m \end{bmatrix}$$

$$\delta_{ij} = \begin{bmatrix} 1 & 0 & 0 \\ 0 & 1 & 0 \\ 0 & 0 & 1 \end{bmatrix}$$

则应力张量可表示为式（5 – 47）所示的方程：

$$\sigma_{ij} = \sigma_m \delta_{ij} + S_{ij} \qquad (5 - 47)$$

式中，$\sigma_m \delta_{ij}$ 为应力球张量，这一部分只引起弹性体积的改变；S_{ij} 为应力偏张量，只产生材料形状的改变，而体积无变化，应力偏张量是一种应力状态，有主方向和不变量，不变量可由式（5 – 48）~式（5 – 50）表示：

$$J_1 = S_x + S_y + S_z = S_{ii} = 0 \qquad (5 - 48)$$

$$J_2 = -(S_x S_y + S_y S_z + S_z S_x) + (S_{xy}^2 + S_{yz}^2 + S_{zx}^2)$$
$$= \frac{1}{2} S_{ij} S_{ij} \qquad (5 - 49)$$

$$J_3 = S_x S_y S_z + 2 S_{xy} S_{yz} S_{zx} - S_x S_{yz}^2 - S_y S_{zx}^2 - S_z S_{xy}^2$$
$$= \frac{1}{3} S_{ij} S_{jk} S_{ki} \qquad (5 - 50)$$

等效应力可以用应力偏张量或 J_2 来表示，见式（5 – 51）与式（5 – 52）。可知，等效应力只与应力偏张量有关，而与球张量无关。

$$\sigma_i = \sqrt{\frac{3}{2}} \sqrt{S_x^2 + S_y^2 + S_z^2 + 2(S_{xy}^2 + S_{yz}^2 + S_{zx}^2)}$$
$$= \sqrt{\frac{3}{2}} \sqrt{S_{ij} S_{ij}} \qquad (5 - 51)$$

$$\sigma_i = \sqrt{3 J_2} \qquad (5 - 52)$$

B　应变状态

同样地，应变张量也分解成应变球张量与应变偏张量，其中应变球张量只引起体积改变，而应变偏张量只产生材料形状改变，见式（5 – 53）。

$$\varepsilon_{ij} = \varepsilon_m \delta_{ij} + e_{ij} \qquad (5 - 53)$$

式中，$\varepsilon_m \delta_{ij}$ 为应变球张量；e_{ij} 为应变偏张量。

其中，应变偏张量还可表示为式（5 – 54）：

$$e_{ij} = \begin{bmatrix} e_{xx} & e_{xy} & e_{zx} \\ e_{xy} & e_{yy} & e_{yz} \\ e_{zx} & e_{yz} & e_{zz} \end{bmatrix} = \begin{bmatrix} \varepsilon_x - \varepsilon_m & \varepsilon_{xy} & \varepsilon_{zx} \\ \varepsilon_{xy} & \varepsilon_y - \varepsilon_m & \varepsilon_{yz} \\ \varepsilon_{yz} & \varepsilon_{yz} & \varepsilon_z - \varepsilon_m \end{bmatrix} \qquad (5 - 54)$$

等效应变表示为：

$$\varepsilon_i = \frac{1}{\sqrt{2}(1 + \nu)} \sqrt{(\varepsilon_x - \varepsilon_y)^2 + (\varepsilon_y - \varepsilon_z)^2 + (\varepsilon_z - \varepsilon_x)^2 + \frac{3}{2}(\gamma_{xy}^2 + \gamma_{yz}^2 + \gamma_{zx}^2)}$$

$$= \frac{1}{\sqrt{2}(1 + \nu)} \sqrt{(\varepsilon_1 - \varepsilon_2)^2 + (\varepsilon_2 - \varepsilon_3)^2 + (\varepsilon_3 - \varepsilon_1)^2}$$

当塑性应变泊松比 ν 接近 0.5 时，则等效应变可以用应变偏张量来表示，见式（5 – 55）。

$$\varepsilon_i^p = \sqrt{\frac{2}{3}} \sqrt{e_{ij} e_{ij}} \qquad (5 - 55)$$

等效剪应变可由式（5 – 56）表示：

$$\gamma_i = 2\sqrt{J_2} = \sqrt{3} \varepsilon_i \qquad (5 - 56)$$

材料进入塑性状态后，一点应变增量由式（5 – 57）表示，可分解成一点的弹性与塑性应变增量之和。

$$d\varepsilon_{ij} = d\varepsilon_{ij}^e + d\varepsilon_{ij}^p \qquad (5 - 57)$$

弹性应变增量 $d\varepsilon_{ij}^e$ 满足胡克定律，即 $d\varepsilon_{ij}^e = \frac{1}{2G} d\sigma_{ij} - \frac{3\nu}{E} d\sigma_m \delta_{ij}$，由 Drucker 公式

可得出结论 $d\varepsilon_{ij}^p = d\lambda \frac{\partial f}{\partial \sigma_{ij}}$，进而得到增量形式的本构关系，见式（5 – 58）。

$$d\varepsilon_{ij} = \frac{1}{2G} d\sigma_{ij} - \frac{3\nu}{E} d\sigma_m \delta_{ij} + d\lambda \frac{\partial f}{\partial \sigma_{ij}} \qquad (5 - 58)$$

C　材料的屈服

材料遵循 Huber – Mises 屈服准则 $f(\sigma_{ij}) = \sigma_i - Y(\lambda) = 0^{[5]}$，结合式（5 – 51）可得到：

$$f(\sigma_{ij}) = \sqrt{\frac{3}{2} S_{ij} S_{ij}} - Y(\lambda) \qquad (5 - 59)$$

根据 Mises 流动准则：

$$d\varepsilon_{ij}^p = d\lambda S_{ij} \qquad (5 - 60)$$

结合塑性不可压缩性（$d\varepsilon_{ii}^p = 0$），则可得 $d\varepsilon_{ij}^p = de_{ij}^p$，见式（5 – 57）。

$$de_{ij}^p = d\lambda S_{ij}$$

$$\frac{d\varepsilon_{ij}^p}{dt} = \frac{d\lambda}{dt} \frac{\partial f}{\partial \sigma_{ij}} = \frac{d\lambda}{dt} \boldsymbol{n} \qquad (5 - 61)$$

式中，$\boldsymbol{n} = \dfrac{3}{2} \dfrac{S_{ij}}{\sqrt{\dfrac{3}{2} S_{ij} S_{ij}}}$ 表示屈服轨迹的方向；标量 $\dfrac{d\lambda}{dt}$ 表示等效塑性应变率。

同理，有：

$$de^p = \frac{d\varepsilon_{ij}^p}{dt} = \frac{d\lambda}{dt} \boldsymbol{n}$$

材料变形过程中，当应力第二不变量达到屈服应力 σ^0，材料发生屈服，此时塑性变形可表示为 $de^p = d\bar{e}^p \boldsymbol{n}$，采用向后法进行求解，可得：

$$\Delta e^{p} = \Delta \overline{e^{p}} \boldsymbol{n}$$

由 $\Delta e = \Delta e^{p} + \Delta e^{e}$，则：

$$\Delta e^{e} = \Delta e - \Delta e^{p} \boldsymbol{n} \tag{5-62}$$

将式（5-62）代入式（5-61），可得：

$$\left(1 + \frac{3G}{\sqrt{\frac{3}{2} S_{ij} S_{ij}}} \Delta \overline{e^{p}}\right) S_{ij} = 2G(e^{e}\big|_{t} + \Delta e) \tag{5-63}$$

令 $H = \dfrac{\mathrm{d}\overline{\sigma}}{\mathrm{d}\,\overline{e^{p}}}$，$\hat{e} = e^{e}\big|_{t} + \Delta e$，对式（5-58）两边求内积，结合牛顿迭代法

$x(n+1) = x(n) - \dfrac{f(x)}{f'(x)}$，每次迭代修正量 $x(n-1) - x(n)$，这样计算得到增量，见式（5-64）。

$$\delta\lambda^{(k)} = \frac{3G\left(\sqrt{\frac{2}{3}\hat{e} : \hat{e}} - \Delta \overline{e^{p}}\right) - \overline{\sigma}}{3G + H} \tag{5-64}$$

结合应力更新算法，由式（5-64）即可得到增量步中应力更新全过程。

5.1.3.2 应力更新算法

子程序中的应力更新可采用一种回退映射算法，即隐式向后欧拉积分算法。该算法可避免发生应力点离开屈服表面的漂移问题，强化在时间步结束时 $f_{n+1} = 0$。算法的原理是先将一组本构方程转换为非线性方程组，再将这组非线性方程组进行线性化，利用 Newton－Raphson 法迭代引导返回到屈服面，流程图如图 5-7所示。

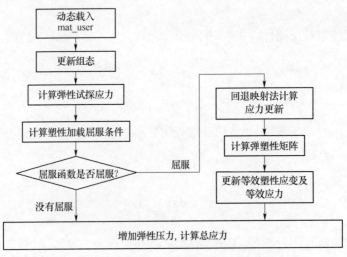

图 5-7 子程序流程

第一步，更新组态。设 $u_n[\varphi_n(x)]$ 为增量位移场，更新组态可得最新组态：

$$x_{n+1} = x_n + u_n$$
$$x_{n+1} = \varphi_{n+1}(x) = \varphi_n(x) + u_n[\varphi_n(x)]$$

由相对变形梯度 $f_{n+1} = 1 + \nabla x_n u_n$，总变形梯度可表示为 $F_{n+1} = f_{n+1}F_n$。

第二步，计算弹性试探应力。由体积保持部分 $\bar{f}_{n+1} = (\det f_{n+1})^{-1/3}f_{n+1}$，而 $J = \det f$，则可得：

$$\bar{f}_{n+1} = J_{n+1}^{-1/3}f_{n+1}$$
$$\bar{f}_{n+1} = (\det f_{n+1})^{-1/3}f_{n+1}$$

$b^e = F^e F^{eT}$ 为弹性左柯西 – 格林张量，它与塑性变形的关系可表示为：

$$b^e = FC^{p-1}F^T$$
$$C^p = F^{pT}F^p$$
$$\bar{b}^e_{n+1} = \bar{F}_{n+1}C^{p-1}_n\bar{F}^T_{n+1}$$
$$\bar{b}^{e\,trial}_{n+1} = \bar{f}_{n+1}\bar{b}^e_n\bar{f}^T_{n+1}$$
$$s = \text{dev}(\tau) = \mu\text{dev}[\bar{b}^e]$$
$$s^{trial}_{n+1} = \mu\text{dev}[\bar{b}^{e\,trial}_{n+1}]$$

第三步，计算塑性加载条件，判断材料是否屈服。通常可利用 Mises – Huber 屈服条件来判断材料是否屈服。

$$f(\tau,\alpha) = \| \text{dev}[\tau] \| - \sqrt{\frac{2}{3}}(\sigma_Y + K\alpha_n)$$

式中，σ_Y 为屈服应力；K 为同性硬化模量；α_n 为硬化参数。

$$f^{trial}_n = \| s^{trial}_{n+1} \| - \sqrt{\frac{2}{3}}(\sigma_Y + K\alpha_n)$$

第四步，判断当前状态是处于弹性步还是塑性步屈服。如 $f^{trial}_n \leqslant 0$ 说明是弹性步，设置 $(\bullet)_{n+1} = (\bullet)^{trial}_{n+1}$，进入第五步；如 $f^{trial}_n > 0$，则表示塑性步屈服，此时采用径向回退法计算应力更新。

设置 $\bar{I}^e_{n+1} = \frac{1}{3}\text{tr}\ (\bar{b}^{e\,trial}_{n+1})$，$\bar{\mu} = \bar{I}^e_{n+1}\mu$；计算：

$$\Delta\gamma = \frac{f^{trial}_{n+1}/2\bar{\mu}}{1 + K/3\bar{\mu}}$$

$$n = s^{trial}_{n+1} / \| s^{trial}_{n+1} \|$$

$$s_{n+1} = s^{trial}_{n+1} - 2\bar{\mu}\Delta\gamma n$$

$$\alpha_{n+1} = \alpha_n + \sqrt{\frac{2}{3}}\Delta\gamma$$

$$\bar{b}^e_{n+1} = \bar{b}^{e\,trial}_{n+1} - \frac{2}{3}\Delta\gamma\text{tr}[\bar{b}^{e\,trial}_{n+1}]n_{n+1}$$

第五步，增加弹性压力，计算总应力。

$$p_{n+1} = U'(J_{n+1})J_{n+1} = \det F_{n+1}$$

$$\tau_{n+1} = p_{n+1}J_{n+1} + s_{n+1}$$

5.1.3.3 AdvantEdge FEM 子程序

A 子程序接口与主要参数

可利用有限元软件 AdvantEdge FEM 提供的名为 mat_user 的子程序接口，采用动态链接库动态载入方式，将用户自定义本构模型导入 AdvantEdge FEM 系统中。用户自定义的子程序计算材料的应力变化，将柯西应力返回到 AdvantEdge FEM 系统中，引擎同时将总变形梯度 F 和变形率 D 传递给接口 mat_user，以便成功导入低塑性、高塑性或弹塑性本构模型。

mat_user. f 文件经编译后，生成一个自定义文件 UserMat. dll，这个 *. dll 文件可用来计算材料状态，可在 projectname_wp. twm 文件中对材料参数进行定义，由 AdvantEdge FEM 引擎输出 project. tec 文件中提供用户自定义状态变量；为了方便调用用户定义的材料参数，注意在 projectname_wp. twm 文件的顶部，将 "MODELTYPE" 改成 "USER - DEFINED - MATERIAL"，自旋张量 $W\sigma^n + \sigma^n W$ 在子程序外部定义。

Cauchy 更新应力 σ^{n+1} 可由表示变形梯度的参数 eps(3, 3) 计算得到，再将结果返回到参数 eps(3, 3) 中。参数 deps(3, 3) 表示［变形率］×［时间增量］，并将需要计算的 Cauchy 应力 sig(3, 3)，engine_s(1:20) 和 user_s(1:100) 分配给用户，并重新定义，赋予它们新的物理含义。其中，变量 user_s(1:5) 用来设置 projectname. inp 文件中的关键字 USER。

除了应力更新外，用户还可对多个状态变量进行定义，如塑性应变、硬化参数等。这些变量存储在双精度数组 real * 8 user_s(100) 中，数组将参数传递给子程序。另外，AdvantEdge 引擎还有一些例如塑性应变、应变率等同样需要更新的保留状态变量，用户必须在子程序中更新这些保留状态变量，如：

engine_s(1) plastic strain

engine_s(3) plastic work rate

engine_s(4) plastic strain rate

engine_s(5) damage

允许用户定义 50 个材料参数，用关键字 UMATPAR01 到 UMATPAR50 对它们进行定义。

projectname_wp. twm 文件中的保留变量，如：杨氏变量 YOUNG，泊松比 POISSON，应力 SIGMA0，密度 DENSITY 等，在 UMATPAR01 至 UMATPAR50 中被定义并分配到用户自定义材料参数中，这些变量通过 $D(1:50)$ 阵列传递给用户子程序，且在整个子程序执行过程中保持不变。这里以钛合金 Ti－6Al－4V 的 Johnson－Cook 本构为例，projectname_wp. twm 文件如下：

```
MODELTYPE = USER – DEFINED – MATERIAL
% %
reserved parameters
%  YOUNG = 1. 1E2
POISSON = 3. 0E – 1
CONDUCTIVITY = 7. 3E0
HEATCAP = 5. 3E2
DENSITY = 4. 3E2
% %
User defined parameters
%  UMATPAR01 = 1. 0
UMATPAR02 = 2. 0
  .
UMATPAR48 = 48. 0
UMATPAR49 = 49. 0
UMATPAR50 = 50. 0
```

  B 用户材料子程序建立

  进入 AdvantEdge FEM 系统，点击 Custom Materials 进入 Constitutive Model，从这里可以访问系统自带的所有本构模型，也可以自定义用户材料本构方程，如图 5－8 所示。

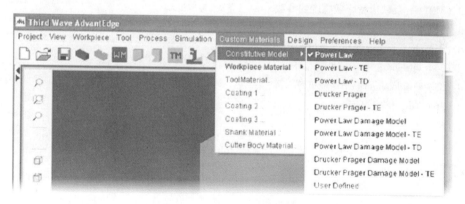

图 5 － 8 用户本构选择菜单

  （1）参数初始化。与其他编程方法相同，在子程序开始处首先要完成的工作就是对材料状态等变量进行正确的初始化，这些变量主要包括系统保留参数与用户参数。

```
c
SUBROUTINE MAT_USER (sig, dtime, temperature, ql, epsl, d, deps)
c
! DEC$ ATTRIBUTES DLLEXPORT∷ MAT_USER
implicit real * 8 (a - h, o - z)
```

c 定义应变增量 = 变形张量 × 时间增量

c Defomation tensor * dtime (strain increment)

c deps (1, 1) = Dxx * dtime, deps (1, 2) = Dxy * dtime, deps (2, 2) = Dyy * dtime

c

c Material propeties are read from_wp. twm file

c Researved parameters 保留参数

c d (2) Densitiy (scaled)

c d (5) lambda (Lame's constant)

c d (6) mu (Lame's constant)

c d (7) SIGMA0 (Yield stress)

c d (24)

c User parameters 用户参数

c d (25) E; 杨氏模量

c d (26) xnu; 泊松比

c d (27) sigma0; σ_0

c d (28) epsl0; ε_0

c d (29) A; 室温下的原始屈服强度

c d (30) B; 应变强化系数

c d (31) C; 反映应变率敏感度的参数

c d (32) dn; n, 反映应变硬化效应的材料参数

c d (33) dm; m, 反映热软化效应的材料参数

c d (34) epsldot0; 参考塑性应变率 $\dot{\varepsilon}_0$

c d (35) epsldotcutoff; 塑性应变率 $\dot{\varepsilon}$

c d (36) Tm; 熔点温度

c d (37) Tr: 室温

　　(2) 将材料参数传递给系统, 计算 Johnson - Cook 本构模型, 应用径向回退法计算应力更新。

c Johnson - Cook 本构计算 $(\sigma = (A + B\varepsilon^n)[1 + C\ln(1 + \frac{\dot{\varepsilon}}{\varepsilon_0})][1 - (\frac{T - T_r}{T_m - T_r})^m])$

```
Tstar = (temperature - Tr) / (Tm - Tr)
T0 = T/Tm
T1 = T/Tc
sigma = [A + (B * engine_s (1) * * dn)] * (1 - Tstar * * dm) * (1 + C * ALOG (epsl-
```

```
dotstar))
c 利用回退法计算弹塑性应力增量
tm1 = dLambda * (deps (1, 1) + deps (2, 2) + deps (3, 3))
sigtr (1, 1) = sig (1, 1) + d2mu * deps (1, 1) + tm1
sigtr (2, 2) = sig (2, 2) + d2mu * deps (2, 2) + tm1
sigtr (3, 3) = sig (3, 3) + d2mu * deps (3, 3) + tm1
sigtr (1, 2) = sig (1, 2) + d2mu * deps (1, 2)
sigtr (2, 1) = sigtr (1, 2)
50 continue
c
call umat_div_stress (sigtr, sigdiv)
c Calculate deviatroic stress norm
sigma_e = umat_sigdiv_norm (sigdiv)
denom = d2mu * (1. 0d0 + dH/ (d3mu))
deltaLam = (sigma_e – dsqrt (2. 0d0/3. 0d0) * sigma) /denom
c
c i = i + 1
c write (6, *)," sigma i", i, dsqrt (1. 5d0) * sigma_e
c
if (deltaLam. le. 0. 0d0. or. deltaLam. lt. 1. 0e – 12) goto 100
c Case of plasticity
factor = 1. 0d0/sigma_e
c
q (1, 1) = factor * sigdiv (1, 1)
q (2, 2) = factor * sigdiv (2, 2)
q (3, 3) = factor * sigdiv (3, 3)
q (1, 2) = factor * sigdiv (1, 2)
q (2, 1) = factor * sigdiv (1, 2)
c
deltaLamTotal = deltaLamTotal + deltaLam
c
c write (6, *), i, sigma_e, yield, deltaLam, deltaLamTotal
c
c 应力更新
sig (1, 1) = sigtr (1, 1) – deltaLam * d2mu * q (1, 1)
sig (2, 2) = sigtr (2, 2) – deltaLam * d2mu * q (2, 2)
sig (3, 3) = sigtr (3, 3) – deltaLam * d2mu * q (3, 3)
sig (1, 2) = sigtr (1, 2) – deltaLam * d2mu * q (1, 2)
sig (2, 1) = sig (1, 2)
```

```
c
sigtr (1, 1) = sig (1, 1)
sigtr (2, 2) = sig (2, 2)
sigtr (3, 3) = sig (3, 3)
sigtr (1, 2) = sig (1, 2)
sigtr (2, 1) = sig (1, 2)
c
goto 50
c
100 continue
c Plastic strain
engine_s (1) = engine_s (1) + dsqrt (2. 0d0/3. 0d0) * deltaLamTotal
c
c Plastic strain rate
engine_s (4) = deltaLamTotal/dtime
c
c
return
end
```

(3) 编译。可利用 DOS 对子程序进行编译, 过程如下:

1) 打开 "Build Environment for Fortran IA‑32 application", 在 DOS 下使用 > ifort/DLL /libs: static/threads mat_user. f 来编译 "mat_user. f" 文件;

2) 可利用 "UserMat. dll" > rename mat_user. dll 将 "mat_user. dll" 重命名为 UserMat. dll;

3) 把 UserMat. dll 改为 c: \ ThirdWaveSystems \ AdvantEdge \ advanteng \ bin \ UserMat. dll;

4) 使用 GUI 设置用户定义的材料参数;

5) 提交任务。

5.1.3.4 ABAQUS 子程序

A 用户材料子程序接口与主要参数

ABAQUS 子程序可以对用户材料本构关系进行定义, 使用 ABAQUS 子材料库中没有包含的材料进行计算, 把用户材料属性赋予 ABAQUS 中的各个单元。ABAQUS 子程序使用 Fortran 语言编制用户材料本构模型, 本构计算采用增量方法, 利用返回映射法来对应力及其他状态变量进行更新, 使用关键字 "∗ USER MATERIAL" 表示定义用户材料属性。

ABAQUS 子程序必须提供表示应力增量对应变增量变化率的雅可比矩阵。利用 Fortran 语言编制子程序时要注意主程序与 UMAT 之间数据共享的问题，必须遵循子程序书写格式，常用的变量在文件开头予以定义。子程序基本格式如下：

SUBROUTINE UMAT (STRESS, STATEV, DDSDDE, SSE, SPD, SCD,

1 RPL, DDSDDT, DRPLDE, DRPLDT,

2 STRAN, DSTRAN, TIME, DTIME, TEMP, DTEMP, PREDEF, DPRED, CMNAME,

3 NDI, NSHR, NTENS, NSTATV, PROPS, NPROPS, COORDS, DROT, PNEWDT,

4 CELENT, DFGRD0, DFGRD1, NOEL, NPT, LAYER, KSPT, KSTEP, KINC)

C

INCLUDE'ABA_PARAM. INC'；将 ABAQUS 自带的参量精度定义文件包含进来

C

CHARACTER * 80 CMNAME

DIMENSION STRESS （NTENS）, STATEV （NSTATV）,

1 DDSDDE （NTENS, NTENS）, DDSDDT （NTENS）, DRPLDE （NTENS）,

2 STRAN （NTENS）, DSTRAN （NTENS）, TIME （2）, PREDEF （1）, DPRED （1）,

3 PROPS （NPROPS）, COORDS （3）, DROT （3, 3）, DFGRD0 （3, 3）, DFGRD1 （3, 3）;

以上是变量声明

user coding to define DDSDDE, STRESS, STATEV, SSE, SPD, SCD

and, if necessary, RPL, DDSDDT, DRPLDE, DRPLDT, PNEWDT；将用户定义的材料属性以

fortran 语言编入

RETURN

END

上述程序中，DDSDDE(NTENS, NTENS) 就是雅可比矩阵，这是一个 NT-ENS 维的方阵，增量步结束时，如要表示第 J 个应变分量的改变引起的第 I 个应力分量的变化，就可用雅可比矩阵 DDSDDE(I, J) 表示。通常，雅可比是一个对称矩阵，STRESS(NTENS) 表示应力张量矩阵，增量步开始时，该矩阵中的数值通过子程序接口传递，增量步结束时，对应力张量矩阵进行更新，应力张量的度量是柯西应力，只需处理应力张量共旋部分即可；STATEV(NSTATEV) 是用于存储状态变量的矩阵。增量步开始时，将数值传递到子程序，在增量步结束时，还要更新状态变量矩阵中的数据；PROPS(NPROPS) 表示材料常数矩阵，其数值就是关键字 "* USER MATERIAL" 对应的数据行，可用来定义每一增量步的弹性应变能，塑性耗散和蠕变耗散仅仅作为能量输出，对计算结果没有影响。

在存储应力矩阵、应变矩阵以及 DDSDDE，DDSDDT，DRPLDE 等矩阵时，一般采用先直接分量，后剪切分量的存储方式。直接分量有 NDI 个，剪切分量有 NSHR 个。根据单元自由度的不同，各分量之间的顺序也有差异，编写子程序要考虑到所用到的单元类别。ABAQUS 子程序一般在单元的积分点上调用，增量步开始时，通过子程序接口进入主程序，在结束时，通过子程序更新变量值。

B 用户材料子程序建立与编译

本书以 TANH J‑C 模型为例介绍 ABAQUS 子程序，材料选用钛合金 Ti‑6Al‑4V。TANH 本构模型如下式所示：

$$\sigma = \left(A + B\varepsilon^n \frac{1}{\exp\varepsilon^t}\right)\left[1 + C\ln\left(1 + \frac{\dot{\varepsilon}}{\dot{\varepsilon}_0}\right)\right]$$

$$\left[1 - \left(\frac{T - T_r}{T_m - T_r}\right)^m\right]\left\{1 - \left(\frac{T}{T_m}\right)^r\left[1 - \frac{(\sigma_f)_{ac}}{(\sigma_f)_{bc}}\bigg/(\tanh\varepsilon)^s\right]\right\}$$

本子程序中共有 15 个材料常数需要定义，申请一个 16 维的状态变量矩阵，其物理含义见表 5‑1。

表 5‑1 ABAQUS 子程序材料常数定义

子程序	1	2	3	4	5	6	7	8
材料物性	杨氏模量	泊松比	A	B	n	C	m	a
子程序	9	10	11	12	13	14	15	
材料物性	b	c	d	T	T_m	T_r	DmgCRACK	

```
    SUBROUTINE UMAT (STRESS, STATEV, DDSDDE, SSE, SPD, SCD,
   1 RPL, DDSDDT, DRPLDE, DRPLDT, STRAN, DSTRAN,
   2 TIME, DTIME, TEMP, DTEMP, PREDEF, DPRED, MATERL, NDI, NSHR, NTENS,
   3 NSTATV, PROPS, NPROPS, COORDS, DROT, PNEWDT, CELENT,
   4 DFGRD0, DFGRD1, NOEL, NPT, KSLAY, KSPT, KSTEP, KINC)
    INCLUDE'ABA_PARAM. INC'
    CHARACTER * 80 MATERL
    DIMENSION STRESS (NTENS), STATEV (NSTATV),
   1 DDSDDE (NTENS, NTENS), DDSDDT (NTENS), DRPLDE (NTENS),
   2 STRAN (NTENS), DSTRAN (NTENS), TIME (2), PREDEF (1), DPRED (1),
   3 PROPS (NPROPS), COORDS (3), DROT (3, 3),
   4 DFGRD0 (3, 3), DFGRD1 (3, 3)
    DIMENSION HARD (2), PS (3)
C
C EELAS - ELASTIC STRAINS
C EPLAS - PLASTIC STRAINS
C FLOW - DIRECTION OF PLASTIC FLOW
C
    DIMENSION EELAS (6), EPLAS (6), FLOW (6)
    PARAMETER (ZERO = 0. D0, ONE = 1. 0D0, TWO = 2. 0D0, THREE = 3. 0D0, SIX
              = 6. 0D0,
   1 HALF = 0. 5d0, NEWTON = 20, TOLER = 1. D -6)
C
```

```
C —————————————————————————————————————
C UMAT FOR TANH JOHNSON – COOK MODEL
C —————————————————————————————————————
C PROPS (1)  – YANG'S MODULUS 113. 8GPa
C PROPS (2)  – POISSON RATIO 0. 342
C PARAMETERS OF TANH JOHNSON – COOK MODEL：
C PROPS (3)  – A        862 MPa
C PROPS (4)  – B        331 MPa
C PROPS (5)  – n        EN 0. 34
C PROPS (6)  – C        0. 012
C PROPS (7)  – m        EM 0. 8
C PROPS (8)  – a        aa 2
C PROPS (9)  – b        bb 5
C PROPS (10)  – c        cc 2
C PROPS (11)  – d        dd 1
C PROPS (12)  – T        200
C PROPS (13)  – Tm       1604
C PROPS (14)  – Tr       20
C PROPS (15)  – DmgCRACK   90
C ——————————————————————————; 以上是 TANH 本构中材料常量的指定
C ELASTIC PROPERTIES
C
      EMOD = PROPS (1)
      ENU = PROPS (2)
      DmgCRACK = PROPS (15)
      IF (ENU. GT. 0. 4999. AND. ENU. LT. 0. 5001) THEN
      ENU = 0. 499
      ENDIF
C ——————————————————————————; 定义弹性模量与泊松比
C EBULK3 = E/ (1 – 2v)
C EG2 = E/ (1 + v)
C EG = E/2 (1 + v)
C EG3 = 3E/2 (1 + v)
C ELAM = Ev/ [ (1 – 2v) (1 + v)]
      EBULK3 = EMOD/ (ONE – TWO * ENU)
      EG2 = EMOD/ (ONE + ENU)
      EG = EG2/TWO
      EG3 = THREE * EG
      ELAM = (EBULK3 – EG2) /THREE
```

```
C
C ELASTIC STIFFNESS；计算弹性刚度矩阵
C
      DO K1 = 1, NTENS
        DO K2 = 1, NTENS
          DDSDDE (K2, K1) = ZERO
        END DO
      END DO
C
      DO K1 = 1, NDI
        DO K2 = 1, NDI
          DDSDDE (K2, K1) = ELAM
        END DO
        DDSDDE (K1, K1) = EG2 + ELAM
      END DO
C
      DO K1 = NDI + 1, NTENS
        DDSDDE (K1, K1) = EG
      END DO
C
C CALCULATE TRIAL STRESS FROM ELASTIC STRAINS；计算试探应力
C
      DO K1 = 1, NTENS
        DO K2 = 1, NTENS
          STRESS (K2) = STRESS (K2) + DDSDDE (K2, K1) * DSTRAN (K1)
        END DO
      END DO
C
C RECOVER ELASTIC AND PLASTIC STRAINS；恢复弹塑性应变
C
      DO K1 = 1, NTENS
        EELAS (K1) = STATEV (K1) + DSTRAN (K1)
        EPLAS (K1) = STATEV (K1 + NTENS)
      END DO
      EQPLAS = STATEV (1 + 2 * NTENS)
      DEQPL = ZERO
C
C CALCULATE MISES STRESS；计算 MISES 屈服应力
C
```

```
      SMISES = (STRESS (1) – STRESS (2)) * (STRESS (1) – STRESS (2)) +
           1 (STRESS (2) – STRESS (3)) * (STRESS (2) – STRESS (3)) +
           2 (STRESS (3) – STRESS (1)) * (STRESS (3) – STRESS (1))
C
      DO K1 = NDI + 1, NTENS
         SMISES = SMISES + SIX * STRESS (K1) * STRESS (K1)
      END DO
      SMISES = SQRT (SMISES/TWO)
C
      CALL USERHARD (SYIEL0, HARD, EQPLAS, DEQPL, DTIME, PROPS (3))
C
C DETERMINE IF ACTIVELY YIELDING
C
      IF (SMISES. GT. (1. 0 + TOLER) * SYIEL0) THEN
C
C MATERIAL RESPONSE IS PLASTIC, DETERMINE FLOW DIRECTION
C
         SHYDRO = (STRESS (1) + STRESS (2) + STRESS (3)) /THREE
         ONESY = ONE/SMISES
         DO K1 = 1, NDI
            FLOW (K1) = ONESY * (STRESS (K1) – SHYDRO)
         END DO
         DO K1 = NDI + 1, NTENS
            FLOW (K1) = STRESS (K1) * ONESY
         END DO
C
C READ PARAMETERS OF JOHNSON – COOK TANH MODEL; 读取 TANH 模型参数
C
         A = PROPS (3)
         B = PROPS (4)
         EN = PROPS (5)
         C = PROPS (6)
         EM = PROPS (7)
C
C NEWTON ITERATION NEWTON; 迭代法
C
         SYIELD = SYIEL0
         DEQPL = (SMISES – SYIELD) /EG3
         DSTRES = TOLER * SYIEL0/EG3
```

```
         DO KEWTON = 1, NEWTON
C CALCULATE FLOW STRESS 计；算流动应力
             CALL USERHARD (SYIELD, HARD, EQPLAS + DEQPL, DEQPL,
    1                       DTIME, PROPS (3))
         RHS = SMISES - EG3 * DEQPL - SYIELD
         DEQPL = DEQPL + RHS∕ (EG3 + HARD (1) + HARD (2))
         IF (ABS (RHS∕EG3) . LE. DSTRES) THEN
             GO TO 111
         ENDIF
         END DO
         WRITE (6, 2) NEWTON
    2    FORMAT (∕∕, 30X,' * * * WARNING - PLASTICITY ALGORITHM DID NOT',
    1          'CONVERGE AFTER', I3,'ITERATIONS')
C
C CALCULATE STRESS, UPDATE ELASTIC AND PLASTIC STRAINS AND
C EQUIVALENT PLASTIC STRAIN；更新应变
C
  111    DO K1 = 1, NDI
             STRESS (K1) = FLOW (K1) * SYIELD + SHYDRO
             EPLAS (K1) = EPLAS (K1) + THREE * FLOW (K1) * DEQPL∕TWO
             EELAS (K1) = EELAS (K1) - THREE * FLOW (K1) * DEQPL∕TWO
         END DO
         DO K1 = NDI + 1, NTENS
             STRESS (K1) = FLOW (K1) * SYIELD
             EPLAS (K1) = EPLAS (K1) + THREE * FLOW (K1) * DEQPL
             EELAS (K1) = EELAS (K1) - THREE * FLOW (K1) * DEQPL
         END DO
         EQPLAS = EQPLAS + DEQPL
C
C CALCULATE PLASTIC DISSIPATION；计算塑性耗散
C
         SPD = DEQPL * (SYIEL0 + SYIELD) ∕TWO
         RPL = PROPS (3) * SPD∕DTIME
C
C FORMULATE THE JACOBIAN (MATERIAL TANGENT)；雅可比矩阵
C
C FIRST CALCULATE EFFECTIVE MODULI
C
         EFFG = EG * SYIELD∕SMISES
```

```
            EFFG2 = TWO * EFFG
            EFFG3 = THREE/TWO * EFFG2
            EFFLAM = (EBULK3 - EFFG2) /THREE
            EFFHRD = EG3 * (HARD (1) + HARD (2)) / (EG3 + HARD (1) + HARD
                 (2)) - EFFG3
            DO K1 =1, NDI
              DO K2 =1, NDI
                 DDSDDE (K2, K1) = EFFLAM
              END DO
              DDSDDE (K1, K1) = EFFG2 + EFFLAM
            END DO
            DO K1 = NDI +1, NTENS
              DDSDDE (K1, K1) = EFFG
            END DO
            DO K1 =1, NTENS
              DO K2 =1, NTENS
                 DDSDDE (K2, K1) = DDSDDE (K2, K1) + FLOW (K2) * FLOW (K1)
     1                                              * EFFHRD
              END DO
            END DO
C
         ENDIF
C
C STORE ELASTIC, PLASTIC AND EQUIVALENT PLASTIC STRAINS
C IN STATE VARIABLE ARRAY
C
      DO K1 =1, NTENS
            STATEV (K1) = EELAS (K1)
            STATEV (K1 + NTENS) = EPLAS (K1)
      END DO
      STATEV (1 +2 * NTENS) = EQPLAS
C
C CALCULATE AND STORE THE DAMAGE VALUE
C IN STATE VARIABLE ARRAY
C
         DDmg = ZERO
C GET THE PRINCIPAL STRESS
         LSTR = 1
         CALL SPRINC (STRESS, PS, LSTR, NDI, NSHR)
```

```
                DDmg = PS (1) * DEQPL
                STATEV (2 + 2 * NTENS) = STATEV (2 + 2 * NTENS) + DDmg
C
C JUDGE DAMAGE AND STORE DAMAGE FLAG
C IDmgFLAG = 1 if CRACK OCCUR
C
        IF (STATEV (2 + 2 * NTENS) . GE. DmgCRACK) THEN
          IDmgFLAG = 1
          DO K1 = 1, NTENS
            STRESS (K1) = ZERO
          END DO
        ELSE
          IDmgFLAG = 0
        END IF
        STATEV (3 + 2 * NTENS) = IDmgFLAG
C
C
        RETURN
        END
C 以下为用户自定义硬化子程序
        SUBROUTINE USERHARD (SYIELD, HARD, EQPLAS, DEQPL, DTIME, PROPTS)
C
        INCLUDE 'ABA_PARAM. INC'
C
        CHARACTER * 80 CMNAME
        DIMENSION HARD (2), PROPTS (12)
C
C GET PARAMETERS, SET HARDENING TO ZERO
C
        A = PROPTS (1)
        B = PROPTS (2)
        EN = PROPTS (3)
        C = PROPTS (4)
        EM = PROPTS (5)
        aa = PROPTS (6)
        bb = PROPTS (7)
        cc = PROPTS (8)
        dd = PROPTS (9)
        T = PROPTS (10)
```

```
                Tm = PROPTS （11）
                Tr = PROPTS （12）
                HARD （1） = 0. 0
                HARD （2） = 0. 0
C
C CALSULATE CURRENT YIELD STRESS AND HARDENING RATE；计算当前屈服应力和硬化率
C TERM1 = A + B ∗ （E ∗ ∗ n） ∗ ［1/exp （E ∗ ∗ a）］
C TERM2 = 1 + C ∗ Ln （ERate/ERate0） ERate0 = 1. 0
C TERM3 = 1 − ［（T − Tr） / （Tm − Tr）］ ∗ ∗ m
C TERM4 = D = 1 − （T/Tm） ∗ ∗ d
C TERM5 = S = （T/Tm） ∗ ∗ b
C TERM6 = 1/ （E + S） ∗ ∗ c
C TERM7 = D + （1 − D） ∗ tanh （TERM6）
C
            IF （EQPLAS. EQ. 0. 0） THEN
                SYIELD = A
            ELSE
                TERM1 = A + B ∗ （EQPLAS ∗ ∗ EN） ∗ EXP （ − （EQPLAS ∗ ∗ aa））
                TERM2 = ONE + C ∗ LOG （DEQPL/DTIME）
                TERM3 = ONE − （（T − Tr） / （Tm − Tr）） ∗ ∗ EM
                TERM4 = ONE − （T/Tm） ∗ ∗ dd
                TERM5 = （T/Tm） ∗ ∗ bb
                TERM6 = ONE/ （EQPLAS + TERM5） ∗ ∗ cc
                TERM7 = TERM4 + （ONE − TERM4） ∗ TANH （TERM6）
C
                SYIELD = TERM1 ∗ TERM2 ∗ TERM3 ∗ TERM7
C
C TERM8 = Dev （Tanh （1/ （E + S） ∗ ∗ c）） /Dev （E）
C TERM9 = Dev （1/exp （E ∗ ∗ a）） /Dev （E）
                TERM8 = （TWO/ （EXP （TERM6） + EXP （ − TERM6））） ∗ ∗ TWO ∗ （ − cc）
            1                      ∗ ONE/ （EQPLAS + TERM5） ∗ ∗ （cc + ONE）
                TERM9 = − EXP （ − （EQPLAS ∗ ∗ aa）） ∗ aa ∗ EQPLAS ∗ ∗ （aa − ONE）
C
                TERM10 = A ∗ （ONE − TERM4） ∗ TERM8 + TERM4 ∗ B ∗
            1 （EN ∗ EQPLAS ∗ ∗ （EN − ONE） ∗ EXP （ − （EQPLAS ∗ ∗ aa）） + EQPLAS ∗ ∗
                EN ∗ TERM9）
C
C HARD （1） = Dev （Stress） /Dev （Strain）
                HARD （1） = TERM10 ∗ TERM2 ∗ TERM3
C
```

C HARD（2）＝Dev（Stress）/Dev（StrainRate）

        HARD（2）＝TERM1＊TERM3＊TERM7＊C/（DEQPL/DTIME）

    END IF

    RETURN

    END

C 编译

第一步，进入 ABAQUS 系统，通过选择 Property→General→User material，定义用户参数，如密度等。

第二步，点击进入 Model→Edit Keywords 中，直接输入到 inp 文件中。

第三步，点击 Edit Job→General→User srbroutine file，调用 fortran 子程序。

第四步，提交程序运行。

5.1.3.5 考虑再结晶修正模型用户材料子程序

本书将钛合金 Ti－6Al－4V 考虑再结晶软化效应的修正 J－C 本构应用于有限元仿真。选取有限元软件 AdvantEdge FEM 对修正 J－C 本构进行仿真模拟。由于选取的材料都是钛合金 Ti－6Al－4V，因此本小节中的 projectname_wp. twm 文件与 5.1.3.3 节中的同名文件相同，不再赘述。

第一步，参数初始化，即对变量和常量进行声明：

```
C
SUBROUTINE  MAT_USER（d, time, dtime, temp, engine_s, user_s, eps, deps, sig, df）
c
DEC$ ATTRIBUTES DLLEXPORT：：MAT_USER
implicit real＊8（a－h, o－z）
c 定义应变增量＝变形张量×时间增量
c Defomation tensor＊dtime（strain increment）
c deps（1, 1）＝Dxx＊dtime, deps（1, 2）＝Dxy＊dtime, deps（2, 2）＝Dyy＊dtime
c
c Material propeties are read from_wp. twm file
c 保留参数
c Researved parameters
c d（2）Densitiy（scaled）
c d（5）lambda（Lame's constant）；拉美常数 λ
c d（6）mu（Lame's constant）；拉美常数 μ
c d（98）热传导
c d（99）比热容
c d（100）Density（thermal）；热密度
c 用户参数
```

c d（25）E；　　杨氏模量

c d（26）xnu；　　泊松比

c d（27）sigma0；　　σ_0

c d（28）epsl0；　　ε_0

c d（29）A；　　室温下的原始屈服强度

c d（30）B；　　应变强化系数

c d（31）C；　　反映应变率敏感度的参数

c d（32）dn；　　n，反映应变硬化效应的材料参数

c d（33）dm；　　m，反映热软化效应的材料参数

c d（34）dr；　　r，反映软化的材料参数

c d（35）ds；　　s，反映软化的材料参数

c d（36）dt；　　t，反映软化的材料参数

c d（37）epsldot0；　　参考塑性应变率 $\dot{\varepsilon}_0$

c d（38）epsldotcutoff；　　塑性应变率 $\dot{\varepsilon}$

c d（39）Tm；　　熔点温度

c d（40）Tr；　　室温

c d（41）σ_b；　　再结晶之前的流动应力

c d（42）σ_a；　　再结晶之后的流动应力

c d（43）T_c；　　重结晶温度

c d（44）thc：　　热传导

c d（45）cp：　　比热容

c d（46）UMATPAR01

c d（47）UMATPAR02

　　第二步，计算考虑再结晶软化的修正本构模型，以 $\varepsilon \geqslant 0.5$ 时的修正本构为例：

c 修正本构计算

Tstar =（temperature – Tr）/（Tm – Tr）

T0 = T/Tm

T1 = T/Tc

sigmac = sigmaa/sigmab

sigma = [A +（B * engine_s（1）** dn）/exp（engine_s（1）** dt）] *（1 – Tstar ** dm）*
（1 + C * ALOG（epsldotstar））* [1 –（T0 ** r）*（1 – sigmac/（tanh（engine_s（1）））** s）]

c 利用回退法计算弹塑性应力增量

tm1 = dLambda *（deps（1, 1）+ deps（2, 2）+ deps（3, 3））

sigtr（1, 1）= sig（1, 1）+ d2mu * deps（1, 1）+ tm1

sigtr（2, 2）= sig（2, 2）+ d2mu * deps（2, 2）+ tm1

sigtr（3, 3）= sig（3, 3）+ d2mu * deps（3, 3）+ tm1

sigtr（1, 2）= sig（1, 2）+ d2mu * deps（1, 2）

sigtr（2, 1）= sigtr（1, 2）

```
50 continue
c
call umat_div_stress（sigtr, sigdiv）
c Calculate deviatroic stress norm
sigma_e = umat_sigdiv_norm（sigdiv）
denom = d2mu＊（1.0d0 + dH/（d3mu））
deltaLam =（sigma_e - dsqrt（2.0d0/3.0d0）＊sigma）/denom
c
c i = i + 1
c write（6, ＊），" sigma i", i, dsqrt（1.5d0）＊sigma_e
c
if（deltaLam. le. 0.0d0. or. deltaLam. lt. 1.0e - 12）goto 100
c Case of plasticity
factor = 1.0d0/sigma_e
c
q（1, 1）= factor＊sigdiv（1, 1）
q（2, 2）= factor＊sigdiv（2, 2）
q（3, 3）= factor＊sigdiv（3, 3）
q（1, 2）= factor＊sigdiv（1, 2）
q（2, 1）= factor＊sigdiv（1, 2）
c
deltaLamTotal = deltaLamTotal + deltaLam
c
c write（6, ＊）, i, sigma_e, yield, deltaLam, deltaLamTotal
c
```

第三步，应用径向回退法计算应力更新。

```
c 应力更新
sig（1, 1）= sigtr（1, 1）- deltaLam＊d2mu＊q（1, 1）
sig（2, 2）= sigtr（2, 2）- deltaLam＊d2mu＊q（2, 2）
sig（3, 3）= sigtr（3, 3）- deltaLam＊d2mu＊q（3, 3）
sig（1, 2）= sigtr（1, 2）- deltaLam＊d2mu＊q（1, 2）
sig（2, 1）= sig（1, 2）
c
sigtr（1, 1）= sig（1, 1）
sigtr（2, 2）= sig（2, 2）
sigtr（3, 3）= sig（3, 3）
sigtr（1, 2）= sig（1, 2）
sigtr（2, 1）= sig（1, 2）
```

```
c
goto 50
c
100 continue
c Plastic strain
engine_s（1）= engine_s（1）+ dsqrt（2.0d0/3.0d0）∗ deltaLamTotal
c
c Plastic strain rate
engine_s（4）= deltaLamTotal/dtime
c
c
return
End
```

5.2　高速铣削钛合金 Ti‑6Al‑4V 有限元仿真

5.2.1　有限元基本参数设置

在 AdvantEdge 有限元软件中，点击 Custom Material→Workpiece Material→Material "X"，可自定义材料参数。在 Heat Transfer 选项卡中可设置热容（Heat Capacity）、热传导（Thermal Conductivity）、密度（Density）、线膨胀系数（Alpha）等参数，若温度影响本构模型时，还可根据本构模型的方程设置 Conductivity 选项卡中的相关系数；同样地，可通过加工硬化（Strain Hardening）选项卡来设置加工硬化的参数，通过热软化（Thermal Softening）选项卡来设置热软化参数，还可在弹性（Elastic）选项卡中输入材料常数，如弹性模量、泊松比等。利用本书的子程序方法也可向系统传递参数，这里也是利用子程序的方法进行材料自定义的，方法见子程序部分。

钛合金 Ti‑6Al‑4V 不同温度下的线膨胀系数、热导率和比热容见表 5‑2。工件划分 90000 个单元；假设刀具是刚体，划分 180000 单元，$r_\varepsilon = 0.8mm$，前角 $\gamma_0 = 5°$；在刀尖处与切削区域网格划分最细，工件上最小单元尺寸设置为 0.08mm，刀具上的最小单元尺寸设置为 0.024mm；设置工件尺寸为 10mm × 2mm，刀具长度为 1mm。设定热边界条件，使工件与刀具间可以进行热传导，允许刀具快速温升，钛合金 Ti‑6Al‑4V 的机械和热物理特性与温度相关。

表 5‑2　钛合金 Ti‑6Al‑4V 在不同温度时的热物理特性

温度/℃	热导率/W·(m·K)$^{-1}$	比热容/J·(g·K)$^{-1}$	温度/℃	热导率/W·(m·K)$^{-1}$	比热容/J·(g·K)$^{-1}$
20	611	6.8	200	653	8.7
100	624	7.4	300	674	9.8

温度/℃	热导率/W·(m·K)⁻¹	比热容/J·(g·K)⁻¹	温度/℃	热导率/W·(m·K)⁻¹	比热容/J·(g·K)⁻¹
400	691	10.3	1000	754	18.3
500	703	11.8	1200	771	21.7
600	713	13.7	1400	787	24.5
700	725	14.4	1540	800	25.3
800	735	15.8	1650	80	25.3

高速切削时的摩擦形式是很复杂的，摩擦系数的取值是根据刀具上前刀面的位置和刃口半径来确定的，不同位置和不同刃口半径所取数值不同。摩擦系数可表示为 $m = \tau / k$（τ 为摩擦剪切应力，k 为工件材料剪切流动应力）。为了方便研究，将刀－屑接触摩擦划分成 3 个接触区间：

（1）黏着区为第一接触区。黏着区定义为从刀尖点到刀具圆弧刃曲率末端的区域。这里的摩擦系数 $m = 1$，$\tau = k$，即摩擦剪切应力等于工件材料剪切流动应力。

（2）剪切摩擦区为第二接触区。剪切摩擦区定义为从刀具圆弧刃曲率末端到前刀面切削层厚度边界的区域。此时 $m = \tau / k$，对于硬质合金刀具来说，摩擦系数 $m = 0.9$。

（3）滑动区为第三接触区。滑动区定义为沿着前刀面上的剩余部分，从切削层厚度边界到刀－屑接触点末端区域。对于硬质合金刀具，前刀面上的摩擦系数 $m = 0.7$。

5.2.2 应力有限元仿真

试验设置见表 5－3。

表 5－3 试验设置

选取材料	切削方式	试验条件	试验软件
钛合金 Ti－6Al－4V	高速铣削	$a_c = 0.2\text{mm}$，$v_c = 100\text{m/min}$ $f_z = 0.1\text{mm}$，$a_e = 1.1\text{mm}$	AdvantEdge FEM

图 5－9 描述了在应变率为 1000s^{-1}、应变为 0.2 下的两种本构模型的温度－应力关系。

可以看出，在温度低于再结晶温度时，J－C 本构模型曲线基本与考虑再结晶的 J－C 修正本构模型重合；当温度升高到再结晶温度附近时，流动应力急剧下降，修正 J－C 本构模型更好地体现出再结晶软化效应，而 J－C 本构描述的曲

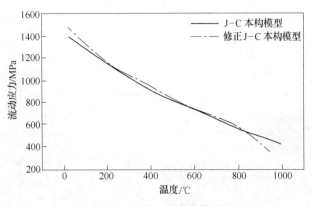

图 5 – 9　温度 – 应力曲线对比

线并没有出现应力软化现象。

　　应力有限元仿真如图 5 – 10 与图 5 – 11 所示。温度在 950℃ 左右的应力仿真如图 5 – 10 所示，此时应力约为 450MPa。温度在 1000℃ 左右时的应力仿真如图 5 – 11 所示，其中图 5 – 11(a) 为 J – C 本构模型的应力仿真，与 950℃ 左右的应力仿真图相比，发现其应力几乎没有明显变化，仍保持在 400MPa 左右；而图 5 – 11(b) 是考虑再结晶软化效应修正 J – C 本构模型的应力仿真图，可以看出，在温度达到再结晶温度附近时，应力从 450MPa 左右迅速跌落至 240MPa 左右，呈现出一个明显的应力软化现象。

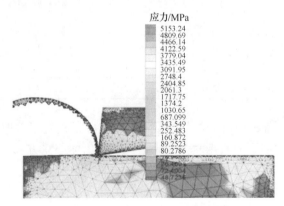

图 5 – 10　950℃ 左右时的应力仿真

　　分析可知，考虑再结晶软化效应的修正 J – C 本构更贴近 SHPB 试验数据，由于再结晶软化效应，当钛合金 Ti – 6Al – 4V 的切削温度达到再结晶温度时，会出现一个明显的应力回落现象。该本构更符合实际高速切削情况，可为高速切削加工中的刀具选取、参数优化、温度控制等提供可靠的理论与实践指导。

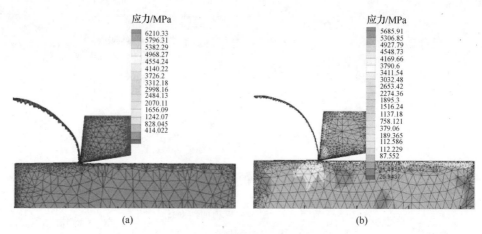

图 5－11 1000℃左右的有限元仿真

（a）基于 J－C 本构的应力仿真；（b）基于修正本构应力仿真

5.2.3 切屑有限元仿真

对于切屑的有限元仿真，仍然选取高速铣削试验。四组单因素试验设置见表 5－4。

表 5－4 单因素试验设置

切削用量	第一组	第二组	第三组	第四组
铣削速度 v_c/m·min^{-1}	20～100	100	100	100
每齿进给量 f_z/mm	0.11	0.05～0.17	0.11	0.11
切削深度 a_c/mm	1.0	1.0	0.4～1.6	1.0
切削宽度 a_e/mm	2.0	2.0	2.0	1.0～3.0

Ti－6Al－4V 是 α＋β 两相钛合金，当温度高于相变温度时会发生 α→β 相变，材料结构从室温下的密排六方 hcp 结构转变为体心立方 bcc 结构。转变后的体心立方 bcc 结构具有更多的滑移系晶格。大变形与高温导致材料发生动态再结晶现象，阻止材料进一步变形的阻力降低，由此发生了较大的局部变形。在高速切削加工过程中，大部分变形发生在第一变形区，塑性变形消耗的大部分能量集中在剪切带内难以扩散，致使剪切带区域内温度明显升高，从而形成强烈的软化效应，通常称这种塑料变形局部化的窄带为绝热剪切带，该区域内的剪切应变远高于切屑其他剪切区域。高速切削产生的热量大部分集中在这个区域，从而导致局部温度上升，动态再结晶现象及材料的相变促使材料发生较大的滑动，这种变形又反过来产生了额外的热量。在这种周而复始的机制影响下，绝热剪切带内的不稳定性尤为明显，这也是锯齿形切屑形成的根本原因。

综上所述，在高速切削过程中材料由于大变形及高温发生了动态再结晶现象，其软化效应加快了剪切区的热塑性不稳定，进而导致了绝热剪切带的产生，促进了锯齿形切屑的产生。由铣削试验可知，钛合金 Ti - 6Al - 4V 在切削速度 $v_c = 60\text{m/min}$，每齿进给 $f_z = 0.11\text{mm}$ 时切屑形态为锯齿形状。利用 J - C 本构进行此切削条件下的有限元仿真，仿真结果为连续形切屑，此切屑形状与铣削试验中产生的锯齿形切屑差异较大，J - C 本构已不适用于此切削条件下切削过程；而利用考虑了再结晶软化效应的修正 J - C 本构仿真同样切削条件下的切削过程，所形成的切屑形态和试验图基本一致。切屑形态比较如图 5 - 12 所示。

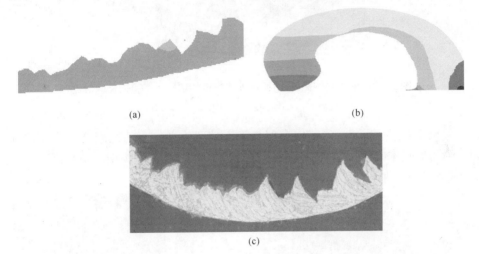

(a)   (b)

(c)

图 5 - 12 $v_c = 60\text{m/min}$，$f_z = 0.11\text{mm}$ 下切削试验与两种本构的有限元切屑仿真对比
(a) 修正本构；(b) J - C本构；(c) 切屑

在切削速度 60m/min 下，绝热剪切带已经形成，切屑的锯齿较平坦规则。由于速度较低，绝热剪切带宽度与间距较大，切屑锯齿化程度较小。J - C 本构没有考虑动态再结晶对材料的软化作用，仅仅考虑了热软化效应，因此绝热剪切带的形成滞后于实际切削，切削速度 $v_c = 60\text{m/min}$ 时的热软化效应还不能促使材料发生热塑性失稳，也就不会产生锯齿形切屑了，因此在基于 J - C 本构的有限元仿真中只能看到带状切屑，这明显与铣削试验切屑形态不相符。但当升高切削速度到 110m/min 时，两种本构都产生锯齿形切屑，但切屑形态不尽相同，如图 5 - 13 所示。

从两种切削条件下试验与仿真切屑形态的对比中可以发现，J - C 本构仿真切屑虽然也体现为锯齿状，但其微观形态与试验切屑相差较大，而修正本构仿真的切屑微观形态非常接近试验切屑。另外，高速切削加工时的高温和高压促进了材料发生动态再结晶，其软化效应大大降低了阻止材料继续变形的力，修正 J - C 本构考虑到了这种软化效应，剪切区内的应变量大幅度提高，如图 5 - 14 所示。图5 - 14(a)与图

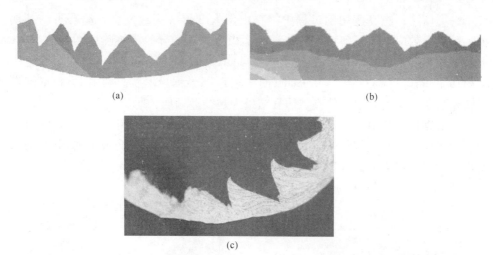

图 5 – 13 $v_c = 110\text{m}/\text{min}$ 时两种本构产生的切屑与试验切屑的对比

（a）修正本构；（b）J – C 本构；（c）切屑

5 – 14（b）分别演示了 J – C 本构模型与修正模型仿真的剪切区应变量变化情况，可以看出修正本构模型仿真的应变值要远远高于 J – C 本构模型的仿真值。

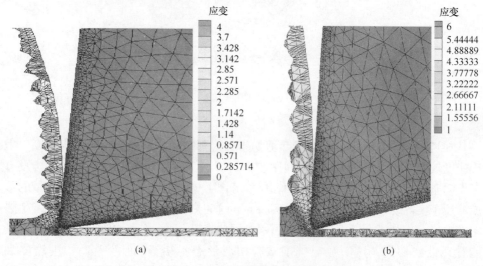

图 5 – 14 两种本构的剪切区应变比较

（a）J – C 本构模型；（b）修正模型

图 5 – 15 描述了高速铣削钛合金 Ti – 6Al – 4V 时的切屑等效塑性应变变化情况以及锯齿形切屑的形成过程，其切削条件如下：切削速度 $v_c = 100\text{m}/\text{min}$，切削深度 $a_p = 1\text{mm}$，刀具前角为 5°。

锯齿形切屑形成可分为两个阶段：第一阶段是主剪切区内的应变集中及剪切失稳。由于钛合金 Ti – 6Al – 4V 导热系数较低，切屑变形产生的热量大部分集中

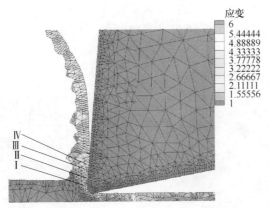

图 5－15　高速切削钛合金 Ti－6Al－4V 的切屑等效塑性应变

在主剪切区内而不能很快传递出去，形成剧烈的热软化效应，降低了促使该区域内继续变形的应力，在主剪切平面上持续产生变形；第二阶段是热塑性不稳定性促进了锯齿状切屑的形成。随着刀具继续前进，在图 5－15 中标示的 Ⅱ 和 Ⅲ 处产生强烈剪切，迫使工件材料在主剪切区域 Ⅳ 内呈楔状向前并向上移动，当移动达到一定程度后，当前楔块与上一楔块之间的接触面在强剪切的作用迅速减小，锯齿形切屑形成。

图 5－16 所示为高速铣削 Ti－6Al－4V 合金的切屑形成过程二维有限元仿真图，切削条件如下：切削速度 v_c = 100m/min，每齿进给量 f_z = 0.11mm，切削深度 a_c = 1mm。在切削初始阶段，塑性应变主要集中在切屑和刀尖附近的加工表面上，此时的应变值较小；随着切削的进行，塑性应变慢慢增大并延伸到绝热剪切带。基体屑块的应变约为 1，而在绝热剪切带上的等效塑性应变可增大到 6 左右，即在这个狭窄的绝热剪切带内不仅发生了非常大的变形，而且还伴随着快速的剪切破坏，随着接触面积在屑块之间迅速减小，下一个正在形成的鼓胀切屑段向上推，一个完整的锯齿形成了。

图 5－17 所示为钛合金 Ti－6Al－4V 有限元仿真切屑温度分布图，切削条件如下：切削速度 v_c = 80m/min，切削深度 a_p = 1.0mm，前角 = 5°。绝热剪切带内温度很快升高到 750℃，但是由于钛合金 Ti－6Al－4V 的导热性比较差，热量很难扩散出去，可看到其他区域温度均低于 100℃；绝热剪切带内的高温使材料易发生集中剪切，进而促进了锯齿形切屑的产生。

综上所述，切削速度是对切屑形态影响最大的因素。当低速（v_c < 60m/min）铣削钛合金 Ti－6Al－4V 时，切屑形状一般为带状；当切削速度升高到大于临界切削速度时，开始产生锯齿形切屑。随着铣削速度的继续升高，绝热剪切带中心的强剪切发生速度非常快，剪切带内软化效应非常明显，进一步降低了阻止材料变形的抗力，切削力大大降低；另外，随着切削速度的提高，切削热量更加集

中，无法快速向外传递，切屑的锯齿频率增强，即绝热剪切带的间距和带宽在减小，形成锯齿状切屑的锯齿化程度就随之增大。

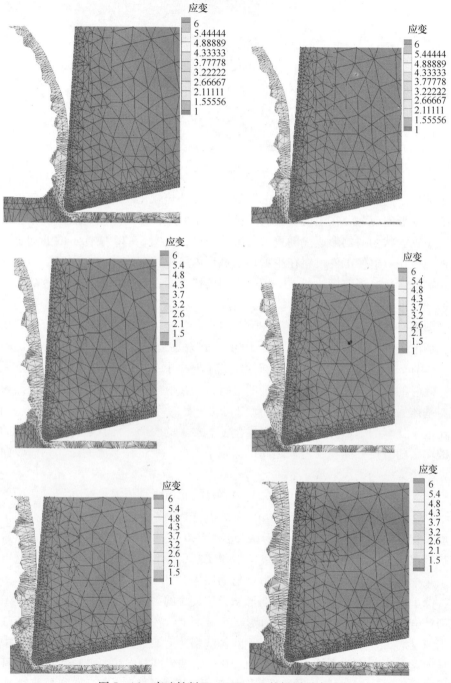

图 5 – 16 高速铣削 Ti – 6Al – 4V 的切屑形成过程

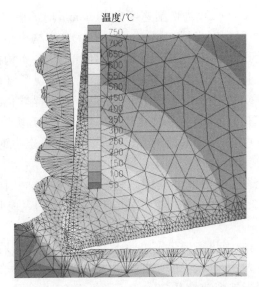

图 5 – 17 铣削钛合金 Ti – 6Al – 4V 切屑有限元温度分布

图 5 – 18 为不同铣削速度下试验切屑形态与两种本构有限元仿真切屑形态的对比图。可以看出，在进行有限元仿真时，选择不同的本构模型，将得到差异很

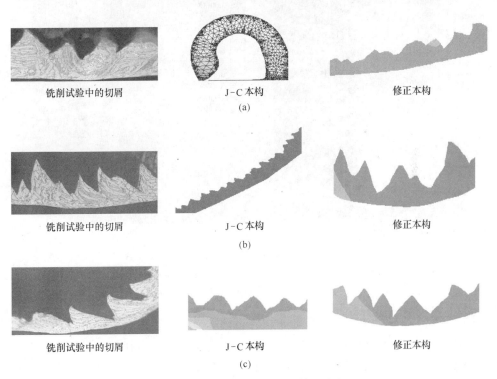

图 5 – 18 铣削试验切屑与仿真切屑对比

大的切屑形态。图 5 – 18(a) 为切削速度为 60m/min 时的切屑形态，研究可知以此速度进行切削也可得到锯齿形切屑。而利用 J – C 本构模型仿真，得到的是带状屑，与铣削试验切屑形态相差甚远；而利用修正 J – C 本构模型仿真得到的锯齿形切屑形态与铣削试验切屑形态非常接近，充分体现了修正本构模型的优越性。这主要是由于修正 J – C 本构模型考虑了动态再结晶软化效应，当铣削速度达到 60m/min 以上时，动态再结晶软化效应加快了绝热剪切带内的热塑性失稳速度，大大降低了材料进一步变形的抗力，切屑形成且形态为锯齿形。而 J – C 本构模型没有考虑再结晶软化效应，其有限元仿真与真实值出现了较大的差异。铣削速度继续升高，修正本构模型的优越性越来越明显，从图 5 – 18(b) 与图 5 – 18(c) 中可看出，修正 J – C 本构模型在切屑形态上的表现上比 J – C 本构模型准确很多。

切削速度的升高使绝热剪切带宽度逐渐减小，锯齿形切屑的锯齿齿距减小，绝热剪切带频率增大。同时，切削速度增大提高了应变率的提升速度。从图 5 – 19 中可以看出，当铣削速度从 20m/min （见图 5 – 19(a)） 升高至 100m/min （见图 5 – 19(b)），切削深度为 1mm，应变率从 $2 \times 10^4 s^{-1}$ 升高至 $1 \times 10^5 s^{-1}$。

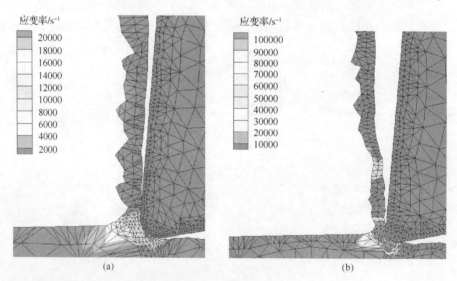

图 5 – 19 不同切削速度下的应变率
(a) 切削速度 $v_c = 20$m/min；(b) 切削速度 $v_c = 100$m/min

5.2.4 最大剪切应力有限元仿真

高速铣削钛合金 Ti – 6Al – 4V 时，高压与高温促进了剪切带内材料动态再结晶现象的发生，材料发生软化，剪切带内产生热塑性失稳现象，进而产生了绝热剪切带；随着切削速度的逐步增大，热塑性失稳现象发生愈加频繁，绝热剪切带频率升高，切屑的锯齿化程度提高。J-C 本构只考虑到了热软化现象，而没有考虑再结晶软化效应，其体现的软化程度远远低于材料实际发生的软化情况，因此使用这种本构模型进行高速铣削有限元仿真，其结果与实际的铣削状态存在较大差别。

由动态再结晶规律，可知动态再结晶晶粒尺寸大小可由第 3 章的式（3-39）来计算获得。

$$\frac{\sigma\delta}{\mu b} = K$$

式中，σ 为剪切区的剪切应力。

利用两种本构模型进行仿真的剪切应力对比如图 5-20 所示。切削条件为：切削速度 $v_c = 100\text{m/min}$，切削深度 $a_p = 1\text{mm}$，切削宽度 $a_e = 2\text{mm}$，每齿进给量 $f_z = 0.17\text{mm}$，刀具 $=5°$。

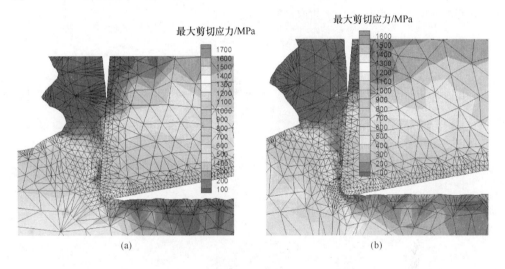

图 5-20　不同本构的剪切带剪切力仿真
（a）J-C 本构；（b）修正 J-C 本构

J-C 本构有限元仿真的剪切带内剪切应力约为 700MPa，在修正 J-C 本构有限元仿真的剪切带内剪切应力约为 900MPa。将这两组数据分别代入式（3-39），可得 J-C 本构的再结晶晶粒尺寸约为 0.14μm，而修正 J-C 本构再结晶晶粒尺寸约为 0.1929μm；根据文献［6］可知，此试验条件下的钛合金 Ti-6Al-4V 动态再结晶晶粒尺寸的平均值约为 0.2μm。修正 J-C 本构模型的仿真数据更接近于实际切削试验数据，更适合描述材料 Ti-6Al-4V 的高速铣削过程。

参 考 文 献

［1］ 丁浩江，何福保，等．弹性和塑性力学中的有限单元法［M］．北京：机械工业出版社，1989．

［2］ Usui E，Shirakashi T. Mechanics of machining - from descriptive to predictive theory［J］．On the Art of Cutting Metals - 75 Years Later，1982（7）：13～30．

［3］ Iwata K，Osakada K，Terasaka T. Process modeling of orthogonal cutting by the rigid - plastic finite element method［J］．Journal of Manufacturing Science and Engineering，1984（106）：132～138．

［4］ Zhang L C. On the separation criteria in the simulation of orthogonal metal cutting using the finite element method［J］．Journal of Materials Processing Technology，1999，88～89：273～278．

［5］ Hill R. The Mechanics of machining：A new approach［J］．Journal of the Mechanics and Physics of Solids 3：47～53．

［6］ 程信林．Ti-6Al-4V 绝热剪切形迹中热、力学参量的数值模拟及其剪切带内微观组织演化机制的探讨［D］．长沙：中南大学，2004．